U0540781

致命关系

病态人格的七种假面

王俸钢 著

台海出版社

推荐序

推荐此书给恋爱新手，
以及家中有女初长成的父母们

——赖奕菁（精神科医师，著有《好女人受的伤最重》）

"渣男"是近年来才出现的新名词，相较于"负心汉""薄幸郎"等惯用词，更能形容出某些男性的恶劣。他不仅辜负你的心意，始乱终弃，在其他方面的作为也很卑劣，糟糕到只能说"渣"。相比于"渣男"，其他所有的形容词都显得苍白无力。

渣的程度也有等级的不同。脚踏多只船的用情不专，其最痛的点就是"为什么有我了还不够？！"但这顶多摧毁个人的自恋与自信；而更甚者，是运用"养套杀"心理技巧的 PUA 术，让人感受到满满的恶意，再也无法相信人性。

不过，上述两种渣男都是刻意所为，他们也知道自己在说谎，如果用心推敲和查核，还是有机会拆穿他们的骗局的。然而，某些类型的人格障碍，虽然已属病态，但相处起来却很"天然"，让人毫无戒心。与其交往之后，只有精神科或心理专业人士才可能会辨识出问题所在，而一般人只感觉到"怪"，却又说不出他到底哪里"坏"。而坏就坏在，他们不仅破坏交往对象的亲友关系，陷其于孤立，还可能毁灭对方的自我，让交往对象觉得自己理应被如此对待，从而不思反抗或求援。部分极端的个人还会出现犯罪行为，如跟踪、恐吓，甚至到杀害对方，让甜蜜恋情以社会版新闻告终。

偏偏这些病态渣男绝非特例，每一种类型都占有百分之几的人口比例。然而遇到的人却是有苦难言，因为病态渣并不符合社会对渣男的既定印象，他们不刻意说谎，不会恶意预设陷阱欺骗，而后再露出本意，即使甜言蜜语起来，也是发自肺腑；他们的言行顺着本性演绎，诚实坦然且真心。因为根本的问题是在于他们的"心"有病，而且愈真心，愈有毒。

你跟他不是命中注定的相遇，而是被他挑选上的"幸运儿"。你期待对等尊重的爱情，但他只接受你配合他强势引导的舞步，依照着他内心早已定案的剧本，扮演他分配给你的角色。当他真心想被拯救，你就得当他的救世主；当他认定自己是被害者，那你必得成为加害者；要是他想当暴虐的猎人，你恐怕只能认命，充当他的猎物了。

到后来，你会猛然理解他的那些前任们，即便他将她们说得多么不堪，你终究知道了她们为什么会变成那样。毕竟在他有着致命缺陷的思考模式下，你是谁并不重要。看似两个人的交往，其实只是他的独角戏。不论哪个人跟他交往，到最后都会陷入相同的困境。你没想到，竟有暗自羡慕那些前任们的一天。谁来让他愿意和平分手，让他放过自己？谁愿意被抓替代，换你离开这个病态的处境？

此时，唯有精神科医师才能告诉你，你究竟遇到了什么。毕竟"人格障碍"已经超出了正常人的认知范围，旁人根本想不到，自然也帮不了你。

本书作者王俸钢医师虽然身为精神科医学大师，但行文浅近易懂，穿插故事情节，让读者轻松领会；精准分析各个类型的病态人格渣男，带人看透似是而非的话语，到底哪里有问题。最后的建议更是切中要害，具体而实用——重点不要放在改造他上。如果他真的没救，那不是你的责任；倒是因为他而受伤惨重的你，需要疗伤，重建自信。连如何全身而退，与病态人格渣男顺利分手，王医师也在书中教导了保命要诀。

遇到病态人格渣男，千万别以为分手就好了；如果没有好好反思，解开自己个性上的心结（渣男勾心的下锚处），等到一再遇到烂男人之后，才惊觉自己是个"渣男磁铁"。要怎么自我察觉与改变，王医师也毫不藏私，在书里倾囊相授。

在拜读此书后，我深觉作者是佛口慈心，内容扎实，拳拳到肉，辗压市面上看似温暖实则空泛的心灵鸡汤文。对于普通人，这是一本教战实用书；对于专业人士，此书则可用作教科书。

推荐此书给初登情场的恋爱新手，列入"作战装备"。

它也适合家中有女初长成的父母们，看完之后转送给女儿当作护身符，闪过渣男地雷。

如果你的好友正苦于被男伴纠缠、折磨，此书或许能够助她安然脱身。

我更推荐给本行的精神医学后进，如果你觉得诊断准则背起来像念咒，且人格障碍就像鬼一样听过没见过，面貌模糊而难以想象，保证你看完这本书，那些类型的人格障碍就活生生印在心底，往后一见到就能辨识出来。

心理、社工相关工作者绝对经常遇到此类被害者个案。为什么双方的说法南辕北辙？而被害者怎么努力都是鬼打墙？看过本书，或许你就会明了被害者到底遇到了什么鬼。

自 序

她们都希望被"看见"
——让所有的苦难都有意义

如果说在这本书的写作过程中,曾有过什么样的困难,排除掉医师摆脱不掉的生老病死和永无止境的临床业务不说,实际上真正剩下的难题,其实只是一句很短的话:"你们,是一群偷故事的人。"

不只是精神科医师,其实任何一科医师都是。只要用心,只要交心,就很容易和各种千奇百怪的人生产生交会。而对当事人而言,如果不是不得已,没有人想把生命中最伤痛的那部分拿出来。不只是单纯的难以启齿,更多的缘由是实在太痛了,所以只要能够压在心里,每个人都只想尽量地往下压,压到记忆的最底层,并且奢望能够就此遗忘……

不过病痛是最由不得人的。各种病痛都会让人脆弱,都会让人想要求助，而所有的助人工作者，医师、护理师、社工、警察……都会因此而碰触到伤者生命中很脆弱的那一块。

所以，这样子将别人的伤痛说出来，会是好事吗？我当然可以尽量把所有故事的个人性资料都给删改掉，删改到没有任何他人认得出来的程度，但是……那个伤心的当事人，多少会知道那就是自己吧？

抱着这样的自我怀疑，我征询了每一个我打算说出来的"故事"的女主角，她们是否愿意分享她们的遭遇？毕竟那些故事实在让人痛心，有着各种匪夷所思，让听者觉得讶异却又"故事性十足"的内容，就连见多识广的精神科医师，都因此深受吸引，并对其中扭曲的人性叹息不已。

但我也明白，对别人而言，那也许只是个"故事"，然而在事情发生的当下，每一位主角几乎都承受着难以言喻的痛苦，更有甚者，还要承受众多不知情者对"故事"真实性的质疑眼光。因此，对于要"偷"这些人的故事，最大的犹疑是"这样的叙事如果发生了，对你们会产生什么样的影响？又有什么意义？"

很意外地，即使做好了"可能要被拒绝，就让某些故事尘封在心底"的心理准备，但真正询问的结果，竟然是每一位主角都希望被"看见"。

自　序　她们都希望被"看见"——让所有的苦难都有意义

不是因为想报复，也不是那种想上网爆料喊冤的心情，毕竟事情多数都过去很久了；实际上，大部分当事人的想法归纳起来都是那种："我想让人家知道，因为如果知道了，也许就有人可以从我的伤口上跨过去，不要踩进那样的陷阱，不要被那样的邪恶所捕获，那我所有曾经的痛苦，也许都会因此而有了意义……"

"知道"是充满力量的。很多东西无关聪明，单纯只是知道与不知道而已。叫爱因斯坦死而复生来玩网络游戏，他可能比不过现在的任何年轻人。不是因为他愚蠢，而是因为他不知道这是什么，也无从玩起。而一个懂得买飞机票、搭飞机的现代老太太，几天内所能远行的距离，也绝对是亚里士多德那个时代快马加鞭也追赶不上的。

在写作的最开始，"渣男假面"这样的词一直萦绕在我的脑海里。西方的"人格"一词，词源本来就与拉丁文的"面具"有关。虽然多数人不愿意面对，但我们都清楚，自己在最私密、最不为人知的所在，和相对于众人眼前，绝对会有着两张不一样的面孔，那并不是虚伪，而是人之常情。

人格本来就有很多不同的面向，我们也可以理解，一个人身上所准备着的多张面具，其背后存在的目的，也都有"脉络"可循。不管那个脉络是道德的或自私的，还是另有目的，我们多少都"知道"那种现象的存在，并且随时做好准备。

但比较少为人知悉的是，有些人完全损人不利己，在众多面具之中，就是隐藏着一张野兽般的脸孔，一张在这个文明社会里一点用处也没有的、病态的、变态的脸孔……

希望所有人都能够透过这本书"看见"，进而"知道"，踏出看穿病态渣男假面的第一步。

目录 CONTENTS

前　言…1

第一辑　病态人格七大类型

边缘型病态人格（一）…9
唯一稳定的，就只有他的不稳定。
人际关系极度紧张，在"理想化"和"贬抑"两极之间转换。

边缘型病态人格（二）…21
善妒。疯狂地努力逃避实际的，或想象中的被抛弃。

边缘型病态人格（三）…31
你很难抗拒边缘型人格对你的崇拜。
他往往是永远的受害者。

边缘型病态人格（四）…43
不是全黑就是全白的扭曲特性。

自恋型病态人格（一）... 64

他会对你"付出"，但付出背后彰显的是个人自恋的倒影。
言情小说"霸道总裁系列"真人版。

自恋型病态人格（二）... 75

表面上看起来历经数年的深情守候，其实只因他内心深处的不甘，无法接受失败。

依赖型病态人格 ... 87

没有主见，过度依从他人，给人"妈宝儿"的印象。

表演型病态人格 ... 99

世界要围绕他们旋转；对感情极度不忠。

反社会型病态人格 ... 110

很"贴心"，但其实更接近"猎人对猎物习性的了如指掌"，而不是温柔体贴。

偏执型病态人格 ... 129

多疑与敌意；缺乏安全感与自信，总认为别人会剥削他们。

强迫型病态人格 ... 141

专注于秩序、完美主义，以及在心智上、人与人之间要求绝对的掌控感。

第二辑　为什么总爱上渣男？我是"渣男磁铁"？

这世上光是反社会型人格，就占人口的 4% ... 155

"我真的搞不懂这人怎么可以这么恶劣。医师，这个人是不是有病？"

目 录

病态渣男缺少"同理心"及"亲密关系"等四种能力 ... 164
"所以，医生……我的男友／先生，真的就是个禽兽吗？"

从"受害者""迫害者""拯救者"三种角色剖析病态渣男 ... 182
"为什么又是我？为什么总是我？真的是我做错了什么吗？……"

"为什么受虐的她不逃走？" ... 194
好女人受的伤最重。

体贴的好女孩容易被病态渣男利用？ ... 204
"体贴他人""知错能改""自我鞭策"是渣男温床？

"真爱鸦片"的爱情信仰 ... 216
"他以前真的不是这样的人，一定是那些朋友和酒带坏了他……"

原生家庭的伤痛与依附关系的缺乏 ... 227
人格障碍通常与童年时期的受虐经验有关，包括儿童虐待、忽视、性侵、体罚等。

第三辑　如何与病态渣男安全分手？

面对病态渣男，及早分手是不变的铁律 ... 243
当你面对病态渣男时，分手并不容易。

与病态渣男分手时，如何处理病态渣男的"失落"？ ... 245
人类，非常痛恨"失去"。

电玩暴力对病态渣男的影响 ... 250
遗憾的是，暴力确实不可能不存在。

与病态渣男分手的八个策略；七成谋杀，发生在决定分手后 ... 257
渣男有了另一个"猎物"时，通常才是最有可能"安全下庄"的时候。

前　言

认清并离开病态渣男的爱情榨取

"为什么他可以这样睁眼说瞎话？"
"为什么他可以这样恶劣？"
"这个人到底有没有良心？"
……

层出不穷的问句，总是在问诊室里，从情感受伤的当事人口中排山倒海般地涌来，而这些受尽折磨的伤心人心中最期待的，却也往往是最不可能得到的，就是一个让她可以理解、心服的答案。

为什么不可能得到？因为现实中令人遗憾的是，不管你提供的答案是什么，当事人第一时间都会很难接受。最常见的难以接受的渣男特性："言行不一"算是够得上"渣男"

封号的滥情人的第一特点；而第二特点，通常就是"严重的以自我为中心"。

但这些行为上的特性，也不只有渣男才会出现，在各种人际关系、亲密关系里，有渣男，就会有渣女，有奸商，当然也会有诈骗集团。就精神科医师的角度来说，只能无奈而苦笑着同情和理解当事人的辛苦，很多事情最终还是要靠着时间，才能冲淡个中的伤痛；拿得起放得下的潇洒前行固然最好，纠结并沉浸在复仇之中，也是人之常情。

但某些时候，确实有些人的极端遭遇，哪怕精神科医师也常常觉得惊悚不已。细问之下，不难发现这些非常无良、造成极端情伤的渣男，仿佛像是所有烂男人的"集大成"者，并且其行为在精神科医师的眼中，会出现很多似曾相识的味道。

其主要的原因在于，这些看起来很离谱的男人，他们的人格特质经常和一些特殊的人格障碍非常接近。并不是说这些人就一定是达到疾病程度的"人格障碍"，但只要有相近的倾向，往往就足以让不幸遇到的当事人痛苦不堪。

依照美国《精神疾病诊断和统计手册》（*The Diagnostic and Statistical Manual of Mental Disorders*，简称DSM）第5版的描述，人格障碍可以粗略分为三个大类：思考怪异的A群人格、情感表现特殊的B群人格和以社会焦虑为主轴的

C群人格。其中，B群人格中的边缘型人格、自恋型人格、表演型人格与反社会型人格，因为以情感症状的特殊表现为主，而很容易与人产生情感上的纠葛；另外，A群人格中的妄想型，C群人格中的依赖型和强迫型，则是因其异常的人格特质，而容易造成另一半的困扰。

所以，本书的前半部分用改写过的实际案例来说明这些病态人格的表现形式。至于如何辨认这些人格特质，除了细究诊断标准中的行为特质之外，曾经有学者针对各项诊断标准做过症状敏感度的研究，也就是说：如果只看其中一个表现，哪一条最容易侦测出特定的人格障碍？

答案是：

- 边缘型人格：疯狂地避免各种实际的或想象中的被抛弃；
- 自恋型人格：对自我重要性（self-importance）的自大感（如夸大成就与才能，在不相称的情况下，期待自己被认为是优越的）；
- 依赖型人格：需要他人来为自己大多数的生活领域承担责任；
- 表演型人格：情绪表达的特征是自我夸示、戏剧化和过度夸张；

- **反社会型人格**：没有特定的诊断标准，整体而言，此类人格特质极端地视社会规范如无物；
- **偏执型人格**：不合理、没道理地怀疑身边人的忠诚，并沉浸在这样的想法里；
- **强迫型人格**：显示出过于追求完美而妨碍任务的完成（如因无法符合他过度严苛的准则而无法完成计划）。

至于面对这些人格特质相当极端的另一半，如何提醒自己在亲密关系中的错误假设/信念，并且透过关系中的痛苦来反思、内视自己的界限设定，几乎是在处理这些困难关系中都必须要面对的重要课题。本书一开始在介绍完边缘型病态人格后，就以这样的人格障碍为例，说明整个关系觉醒的过程中，个人对内、对外要注意的事项。基本上，这些人我之间的议题，是在接下来的所有亲密关系被严重扭曲时都需要注意的。

最后则是希望透过"卡普曼三角"、女性在现今文化体制下的自我限定，以及各种对于理想另一半的追求，来解析当事人自身可能存在的弱点。例如，追求"真爱"的人，很容易被边缘型人格所蒙骗；追求"偶像"的，很容易被自恋型人格的自信光环所迷惑；追求"刺激、好玩"的，很容易沉浸在表演型人格所创造出来的趣味氛围里；而追求"霸道总裁"式依赖感的，则很容易变成反社会型人格的下手对象。

　　最后，分手时的失落，常会因为当事人早已受尽了伤害，而忽略掉对方可能出现的铤而走险或各种暴力风险。所以，特别在最后的部分，笔者提出一些需要注意的事项，希望所有看到这本书的读者，在需要时能够得到帮助。

第一辑

病态人格
七大类型

边缘型病态人格（一）

> 唯一稳定的，就只有他的不稳定。
> 人际关系极度紧张，在"理想化"和"贬抑"两极之间转换。

"我究竟做错了什么，他要这样对我？"

"为什么他可以做出这样的事？这样扯谎，这样扭曲事实来伤害我？他良心是给狗吃了吗？"

无论是自尊被践踏到极致后的自我怀疑，还是认清狼子野心真面目后的咒骂，我在认真倾听之后，都会问这么一句："那么，现在的你，能不能说说看，这位你口中的'渣男'，他的人格特质是什么？"

通常这时候，受伤的心都会因此而更加错愕。因为即使是心痛心冷之后，在自认已经彻悟的内心深处，多数人还是会发现，要完整地将这个病态渣男的言行，统整分析成一个合情合理的个体，还真是一件难以达成的事。这种"唯一稳定的，就只有他的不稳定"的强烈感受，彩樱所遭遇的故事，就是一个很好的例子。

彩樱是天使般的存在

彩樱和男友的缘分，是从毕业后不久的校友会上开始的。

男友当时正面临一段痛彻心扉的失恋。据其他同学转述，追上某系系花的男友，对系花的关怀无微不至，甚至在两人求职的过程中，还不惜动用自己父亲的人脉关系，让两人成为某知名大企业中人见人羡的一对璧人。

然而进入公司不久，系花却很快地移情别恋。原本男友的真情付出，全都在瞬间被弃若敝屣。

看着他在同学们为了安慰他而举办的聚会上，灌着烈酒，痛哭流涕，诉说着自己如何为了帮助系花完成企划，而荒废自己的业务；如何每天下班后守着系花，加班时风雨无阻地为她买外卖、接送上下班……

在这样告解的过程中，彩樱的母性整个被激发了："原来他也有这么深情的一面！"

✹ ✹ ✹

彩樱和其他同学一起安慰着伤心人，两人的感情也因为这样的聚会而日渐升温。

刚开始，彩樱的出现几乎成了天使般的存在。对男友而言，在面临离职、濒临崩溃、企图自杀的受情伤过程中，彩樱的接纳与温柔，让男友重新站了起来。不同于上一段恋情中系花的冷酷无情，在男友的叙述中，彩樱简直成了这世上最完美的女性。

彩樱真的是全心全意地爱着男友，也因为男友的重新振作与感激，彩樱在这段关系中，感受到前所未有的满足。男友开始从系花的阴影中走了出来，并且将过去对另一个女人的关怀，完全转移到彩樱身上。

原本这应该就是故事的结束，是王子与公主所拥有的美好结局，然而两人的关系竟然在一件小小的意外后急转直下。

扭曲事实的谩骂、攻击与指控

男友的中文打字速度比彩樱慢很多，在他颓废丧志的那段时期，彩樱常常顺手帮男友整理、打印一些他公司里的文件。那天彩樱刚好谈成一笔大单，公司同事要为她开个小小的庆功宴，而男友又要赶完一份公司隔天就要交出去的合约草案，所以除了没办法和彩樱一同参加同事聚会之外，还不得不留在两人合租的小公寓中，对着计算机苦战。

"应该没问题吧？"即使在庆功宴上，彩樱还是挂心着男友，"还好我已经弄完九成了，剩下的，应该还算简单……"

但就在彩樱离开手机信号不好的餐厅，准备赶回公寓时，赫然发现手机竟然有十多通未接来电，而回到家中，面临的则是暴跳如雷、破口大骂的男友。原来因为一个操作失误，男友竟然将整份文件删除了。

- "我不是说文件都要备份吗？！你看你怎么搞的！"
- "不就是一个单子？你做完工，还要陪吃陪喝吗？他妈的，又不是可以加薪！你是打算练习当酒店小姐吗？参加那个屁会有鸟用？"

夹杂着不可置信的惊吓与愧疚，彩樱的脑子还来不及反应，就已经照单全收地接下男友所有的谩骂。

彩樱没去反驳那个文件原本就该是男友自己分内的工作，没去澄清计算机的备份也是男友该关心的事情，更没有强调男友的那份文件有九成都是彩樱完成的……彩樱就是条件反射性地哭着赔不是。

但**更多的道歉，就仿佛火上浇油一样，坐实了"一切错都在彩樱身上"的指控**。

争吵在男友摔门而出之后告一段落，只留下在黑暗中独自啜泣的彩樱。

从天堂堕入地狱

到后来，彩樱所面临的就是一连串从天堂堕入地狱的过程。直到逼近崩溃边缘，彩樱被朋友劝着来就医，才明白男友不仅在她的面前，将她贬低得一文不值，更在彩樱的朋友圈里，四处抱怨彩樱有多么"忘恩负义"。

- "天啊！可是，医生你知道吗？他口中说的那些帮我做的事，根本就是帮倒忙。公司的前辈早就帮我完成了很多前置作业，但他硬是赖我和男性前辈有暧昧，非得要我放弃之前的成果。"
- "我没有要他陪我加班。事实上，他只会臭着一张脸，只要我跟同事多讲两句笑话，他就会在回家后不断说我没有认真看待他的陪伴，要我保证和其他同事的关系清白。"

一直到最后,彩樱才明白,原来,这时候她完全被硬塞进当年那位系花的角色剧本之中,而这一切都是男友自导自演的同一部、同一系列爱情悲剧。男友是永远不变的被害人,而她和系花都是只把男性当工具人的烂女人。

不是"全好",就是"全坏"

"人际关系模式紧张而不稳定,其特点是在'理想化'和'贬抑'这两极之间转换。"

这是在《精神疾病诊断和统计手册》第 5 版中,对边缘型人格障碍(borderline personality disorder)的一项描述,意指这种特殊的人格型态,对于身边他者的认定与诠释相当不稳定。

在他们的眼中,身边的事物只能在"全好"和"全坏"之间做选择,没有一般成熟人格所能接受的"灰色地带",他们也没有办法正确地评价和接受这个世界就是夹杂着几成好、几分坏的事实。

而为了达成这样的"认定",很多边缘型人格会因此选择性地接受事实,并且用完全不同的角度去解释同一件事。

今天我请你吃顿饭，任何人都知道这背后可以有多种不同的动机，可能是想联络感情、想建立关系、想打听八卦、想推销保险……而且，这样的动机都可以和谐地并存，并在某种程度上被我们接受。

但从边缘型人格的视角，如果他认定这顿饭意味着友谊，那么今天你在餐桌上的所有行动，他都只会用友谊的角度来解释。他若认定这顿饭背后有阴谋，那么点一杯酒，就有可能是意图灌醉对方；付账报上公司抬头，就有可能是要拿你当人头，花公司的公款。

在心理防卫机制上，这样的现象被称为"分裂"（splitting）。它本身并不必然就是一种病态，绝大多数人在婴幼儿发展的阶段都经历过类似的过程，那是用一种尚未完全成熟的心智对外在事物的想象。未成熟的幼儿大脑，必须要让这个世界"黑白分明"，这样才能做最简单的趋吉避凶。

所以小朋友的世界，一定要先界定出"好人"和"坏人"。好人就一定会做好事，就算现在看不出做那件事的用意，但背后一定有好的意图；而坏人就完全相反，几乎一切所作所为，都有潜在的邪恶动机，就算现在没有，未来也一定会暴露其中深埋的阴谋。这就是边缘型人格摆荡在全好、全坏之间的心理认定模式。

极度偏颇，且以自我为中心

事实上，这种想要"黑白分明"的欲求，在人类身上也没有真的能成熟到完全消失。多数不需要耗损脑力、纯以休闲为主的电视剧，最经典的桥段就是，里面必然会有好上了天的正派角色和坏下了地的反派恶人，而我们也常常会听到某位反派演员，因为角色实在让人恨得牙痒痒，从而被某些太入戏的观众憎恨的传闻。

其实，这也是我们一般人身上，多少残存着"分裂"的心理机制的证据。只是多数人能够将这样的状态，控制在一定的范围内，不会偏离现实，造成人际关系的严重冲突。但当这样的心理机制发生在边缘型人格的身上，就会完全失控，明显呈现出扭曲现实，以自我为中心到完全无法客观看待身边人事物的程度。

当这种人格特质体现在"渣男"身上时，就会让身在关系中的人，如同坐在过山车上，瞬间好像冲上天，瞬间又好像要坠地。

当彩樱作为一个同情的倾听者，出现在边缘型人格的男友身边，她根本没机会去怀疑男友和系花之间的问题，真正的始作俑者是男友。

因为边缘型人格在扭曲他对现实的认定时，完全是以自己主观的世界为中心点。那种充满着高度情绪张力的描述，不会让一般人存在任何怀疑的空间，这也成为让受害者几乎必然上当的陷阱。

彩樱成为拯救者

另一方面，受害者也会如同加入"老鼠会"一样，在初期享受着边缘型人格"全好"的红利状态，而无法自拔。

彩樱就是这样，在与男友的初期关系中，享尽了被视为天使的待遇。彩樱的任何所作所为，都会受到男友无尽的赞美与夸奖。彩樱在内心深处，也因为变成伟大的"拯救者"，而满足了内在潜意识的虚荣心。

但这一切的美好，都不可能长久。

都是别人的错，他是永远的受害者

"必然出现的不稳定，唯一稳定的就只有不稳定"，这是专业人士对边缘型人格的普遍共识。

这种"全好"的状态，会在随便一个小小的冲击下，就被完全地粉碎，并且立刻让关系跌入地狱。伴随而来的，是对现实采取一种与过去截然相反的视角与诠释，这也是当事人最受不了的状况之一。

彩樱在她的感情挫折中，最耿耿于怀的也正是这一点："他怎么可以如此地罔顾事实？他怎么可以这样跟别人说我？"

然而更糟糕的事情是，边缘型人格不只是用完全偏颇而以自我为中心的角度，扭曲、诠释现实，以维持这个将自己眼中的世界从"全好"过渡到"全坏"的过程；更重要的是，他一样会觉得这个过程是痛苦的。边缘型人格不只是害人，他同时也害己，而由于这种崩坏的过程太过痛苦，他往往会将这样的过错完全怪罪到别人身上。

有些人会选择不断自伤，用自杀来威胁他人，甚至愤怒、使用暴力或者故意与他人发生性关系，其目的都是要惩罚和报复那个他眼中的"坏人"。

这一切的行为，非常吊诡地，其实是来自他对这段关系的珍视，或者更精确地说，是对失去这段他眼中"完美无瑕的全好关系"的一种对抗，但实际的状况却必然是将这段关系推得更远。

与边缘型人格沟通，无法"讲道理"

这样的行为模式，视情节轻重，很多时候需要通过拥有深厚专业训练的治疗师协助，才有机会得到改善。但对身处在这种困境中的当事人而言，即使理解边缘型人格的存在，对实际状况的帮助也相当有限。

很多仍对这段关系抱持着希望和期待的人，最终的感受是"知道这种现象，当然会开始对他产生更多的同情和理解，也愿意用更柔软的态度面对冲突，但对方好像很难理解这种状况。而知道得愈多，自己的负担好像也愈大……"

这样的负担，对仍然希望修复关系的当事人来说，是不可避免的必要之重。由于边缘型人格对于现实的自我中心与扭曲，完全不是理性概念的生成物，因此多数试图"讲道理"的尝试都会失败，而"提前认错"的作为，又会像彩樱所经历的一样，被对方当成是"果然错都在你身上"的"证据"。

如何与边缘型人格沟通？

因此，在这样进退两难的境况下，通常当事人都会被建议，应该要设定好界限，并且温柔而坚定地维持这样的设定，最终成为两人关系稳定下来的基石。

可惜的是，要完成这种任务，有时连专业人员都不见得能把守得住。对多数关系中的人来说，最终常常是努力到心力交瘁、遍体鳞伤。

所以，最后被情感榨取到耗竭的当事人，都会选择撤退，并换来身边多数人的一句话："我不是早就告诉过你要分手了？！"

可惜的是，这样的设定（分手），也许就目标而言是正确的；但在方法上，往往会碰触到边缘型人格的另一块逆鳞。

筱雨的故事，就是另一个充满血泪的例证。

边缘型病态人格（二）

> 善妒。疯狂地努力逃避实际的，或想象中的被抛弃。

完美的护花使者

不同于彩樱因为意外没接到电话而引起纷争，筱雨承认自己在某些方面确实有些理亏。

那天，工作上带领自己入门、帮了自己很多忙的前辈，准备荣调海外分公司，部门同事们说好了要为前辈饯行。

身为最受照顾的新人，筱雨自然不能缺席，但同时又让她左右为难的，是把她捧在手掌心的男友，那份一日不见如隔三秋的热情。

说实在的，即使是最挑剔的闺密们，也没人见过这么贴心到无微不至的护花使者。

知道筱雨最爱吃的早午餐，顿顿替她张罗；永远储满值的随行卡，让她从此不用担心没钱；加班时每隔三十分钟就来一通嘘寒问暖的电话，甚至伴随着带来小惊喜的点心或宵夜外送。

筱雨男友如贴身管家般的照顾，不知让公司的多少女同事眼红，男同事自叹弗如。

善　妒

但不为他人所知的是，在这样的甜蜜底下，男友的妒忌也同样强大。

只要筱雨和其他异性同事互动稍微频繁些，无时无刻不在关注筱雨的男友，脸上就会罩上一层谁都看得出来的低气压。

将这样的占有欲和男友细心的呵护做连结，筱雨真心相信这些都是男友深爱她的另一种表现，她自然也愿意为了安抚男友而付出。

筱雨不但谨守着能说一句绝不说第二句话的原则，来和所有办公室的异性互动，甚至心甘情愿为此断绝办公室内所有正常的社交生活。

即使是闺密们的聚会，只要可能有异性出现，就算事先说好了，只是为其他女同事制造机会，筱雨也会害怕引起男友不快，而断然拒绝这样的邀约。

但课长前辈的饯行宴，真的让筱雨的内心十分纠结。

夺命连环 call

这位主管前辈身为父亲的大学学弟，虽然未婚，但年纪大了筱雨一轮，除了将她引介进公司之外，更帮她度过业务上好多的难关。因此，临行前的重要饯行宴，筱雨说什么也不该拒绝。

何况两人之间存在的只有亲人般的照顾和扶持，怎么都说不上任何的男女私情。筱雨若再用男友的嫉妒作为推辞的借口，只怕除了没人能接受之外，在礼数上也很难说服自己。

但筱雨内心深处就是有着很深的不安，毕竟男友不是没在筱雨提及对前辈的景仰时，用着颇酸的暗示口气，质疑筱雨是不是有恋父情结。即使事后澄清那只是玩笑话，但害怕一旦提出就惹来男友不快的筱雨，还是在部门同事的怂恿与合作之下，对男友撒了个善意的谎言，说整个部门当晚要加班，以此作为借口参加前辈的饯行宴。

"虽说是吃吃喝喝，但整个部门都在，为的也是公司的事，要说是某一种加班，好像也勉强算吧？"筱雨这样想着。

可惜没有事先说好无法接电话，因此完全挡不住男友的夺命连环 call。

筱雨支支吾吾的回答，无法安抚男友的疑心，更在男友又用关心做借口，自行冲到筱雨办公室却见不到人之后，让男友的怒气整个大爆发……

之后，两人间的关系急转直下。

暴怒后，求原谅

男友不断地暴怒、指责，将筱雨的这次说谎，在之后的每一次争吵中，都无限上纲地形容成了最严重的感情背叛与淫乱，而完全忽略这样的事情，真正的根源是男友自身的极度没有安全感，以及筱雨没有底线的妥协。

然而，也常在筱雨受够男友无尽的指责和情绪勒索而濒临放弃的时候，男友又会急转弯地低头认错。

男友发誓说自己之所以会这样，完全是太爱筱雨的缘故，并且用尽一切方式低声下气乞求筱雨的原谅。

但这世上没有人能永远承受这样的关系酷刑，不断摆荡在火热的讨好和酷寒的责难之间。

受不了的筱雨，几乎是崩溃着哭求男友放过她。

在社交软件散布扭曲的事实

当筱雨希望男友能让彼此都不要继续在这段地狱般的关系里互相折磨时,男友却开始了前所未见的疯狂行动。

男友在社交软件上散布着各种扭曲的事实和对筱雨的污蔑,同时又四处散布着乞求筱雨原谅的文字告解,甚至还到筱雨工作的地方骚扰她,用自杀相威胁,要筱雨回到他的身边。

这一切,都让筱雨难以理解。

筱雨不明白男友在意的到底是什么。自己明明不是招蜂引蝶的女人,甚至断绝了和所有异性间的社交联系,为何男友还是这样没有安全感?如果男友不珍视自己,为什么追求时、挽回关系时的付出,都是如此掏心掏肺?但若是珍惜,又为什么不断扭曲他们之间的过去,并为此而争执,还用最恶毒的言语诅咒她、诋毁她?为什么明明两人之间的关系,只剩下对彼此的折磨,男友却还要用那样剧烈的方式挽回?如果男友连牺牲生命都在所不惜了,那么又为何不在打算从头来过时,多一些忍让,多一些大度和不计前嫌?

害怕被抛弃

其实这一切,都可以从"抛弃"的角度来解释。

- 因为要避免被抛弃，男友就算内心暗藏着不满，也会要求自己一定要做一个最完美的工具人，即使筱雨并没有这样期待。

- 因为要避免被抛弃，所以男友要永远地用嘘寒问暖来掩饰行为背后的紧迫盯人，掩饰他难以忍受任何无法掌握筱雨行踪的感觉。

- 因为要避免被抛弃，所以男友拒绝接受筱雨对任何异性表现出一丝一毫的亲切或欣赏。提到情感上的暧昧，那只是表面的借口，男友不会容忍任何可能挤占自己位置的潜在竞争者。

- 因为要避免被抛弃，所以分手是一件完全不能接受的选项。一切痛哭流涕的忏悔，男友在内心深处所在意的，从来不是对修复美好关系的渴望，而只是无法忍受失去。

❈ ❈ ❈

"疯狂地努力逃避实际的，或想象中的被抛弃。"

这是《精神疾病诊断和统计手册》第 5 版中，对边缘型人格障碍的另一项描述。

所谓的"抛弃"，并不是只有现实、字面上的解释，不是简单地重新定义双方关系，或者是从此形同陌路、老死不相往来那般直接而剧烈的改变，而是一种更深层、沉浸在灵魂深处的重要关系的断绝。

让我们想象一个不到五岁的孩子，他在儿童乐园的人潮中和妈妈走失，遍寻不着妈妈的身影。他会从原本的自在欢乐中，瞬间跌落进恐惧的深渊。他可能都还没学会好好说话以及适当地跟别人求助，于是，他只能在人群中孤独无助地号啕大哭。

他的一切都还要仰赖供他吃、供他住的家人，他生命中所有美好的一切，也都是家人所给予的。他可以耍赖、使性子，但他其实也明白，那个供他吃、供他住、满足他一切的权力者，随时可以给予他严厉的惩罚，夺走他所有的一切。而如果这个孩子的周围是一个充满暴虐的环境，那么这样的感受就会更加地刻骨铭心。

很难与边缘型人格分手

确实有相当多的研究显示，儿童时期的虐待或创伤，是产生边缘型人格障碍的重要因子。

就如前文所述的"分裂"机制一样，有些人格无法成熟的个体，不仅只能将他眼中的世界用"全好""全坏"的扭曲方式来划分，他也无法和身边的人形成足够有信赖感的亲密关系。

所以，身边的人只要足够重要，就会让边缘型人格落入一个充满恐惧和压力的境地。

当他越是感受到那个亲密关系的重要性时，那种"必须尽全力去讨好，不然我会被丢掉"的恐惧感，就越会如影随形地出现。

他也会像某些寓言故事中的焦虑患者一样，不断地用铁锤敲打桥梁，只为了确信桥是坚固的；最终却因为一直重复地敲打、测试，使得桥到最后被硬生生敲断了，才肯停手。

因此，几乎没有一种保证，可以真正安抚边缘型人格的内心。

你必须要不断地证明自己在这段关系中的忠贞不移，方式就是不断地被边缘型人格测试你的各种底线，直到你像上述寓言故事中的桥，被敲断了为止。

而在这样的关系里，分手成了一件不可能的任务。

现实中比较常见到的方式，多数是像彩樱的故事中那位系花一样，男友的目标因为彩樱的出现而转移，让作为上一个目标的系花侥幸逃过一劫。这也是有些严重的边缘型人格的受害人，最终还是要在专业伴侣治疗师的协助下，借着关系、焦点的转移，才能得到解脱的原因之一。

守住立场，别让对方当工具人

如果当事人仍然期待维持这一段关系，或者边缘型人格的这种病态表现还不算极度严重时，另一个可行的方式，就是在这段关系中，当事人让自己的位置完全稳固而坚定不移。

要做到这样的稳固，一方面除了在关系里，不该为了对方的无理威胁而妥协之外；另一方面也不要因为沉溺在对方的过度讨好中，就认为自己也该有对等的付出，从而改变了自己的立场。

例如边缘型人格的另一半，在热恋期也许会极度讨好，自愿当工具人，但当事人此时就必须很清醒地理解，健康的亲密关系中的付出是彼此对等的，是以尊重对方的需求为前提而产生的。偶尔的"猜心"也许可以带来惊喜，但一意孤行的单方付出，实际上反而是另一种形式的独断与操控。

如果这样的立场没有守住，最常见的下一步，就是病态人格开始将自己所谓的"付出"，由两人原本应该对等互惠的地位关系，转换为一场关系买卖或者是爱情交易中的筹码。而被利用的，是你原本就不该有但硬是被诱发出来的内疚，让当事人在这段关系中自以为对另一半充满了亏欠，实际上是变成了被榨取的一方而不自知。

别试图当女王

反过来讲,你要守住自己在这段关系中的立场,清楚自己作为一个完整而独立的个体,需要的是适时互惠的彼此扶持,而不是单方面地,当一个自己从来就没想做的女王。

那么,就算因为要站稳这样的立场而常常产生摩擦,让对方或其他旁观者对你有"不识好人心""无视对方的真情付出"的指责,请你也别受影响,因为通常也只有如此的坦然面对,才有机会让边缘型人格慢慢透过你的坚定,领会到自身潜意识中对亲密关系的扭曲,进而让他意识到自己内心原来存在着那种"可能会被抛弃"的想象,并且竟然会因为这样的想象衍生出如此强大而非理性的恐惧。

如果够幸运,边缘型人格在醒悟到自己才是彼此痛苦的真正始作俑者之后,两人的关系才有可能因此产生出改善的契机。

边缘型病态人格（三）

> 你很难抗拒边缘型人格对你的崇拜。
> 他往往是永远的受害者。

每一段使人坠入的爱情，都曾经有过无限的美好与憧憬；而每一个会被伤心人用"渣"来责备的，也很少不是众人公认的邪恶爱情诈骗犯。

但是在这样痛苦的关系中，最让当事人难以理解的是，其实这里面从来没有真正的赢家。

诈骗犯在攫取了自己所想要的利益之后，最常见的就是飘然而去，邪恶地享用他欺诈而来的丰美果实。但人格障碍渣男最常做的，是继续在这段已经开始腐败变质的关系中纠缠不休；想尽办法，利用各种扭曲的谎言和手段，去凌迟这段身边没有人看好的关系。

而令更多当事人难堪的是,身边的人常常会有"我早就告诉你了!""早跟你说过了,你偏不信……"这类的冷言冷语。

"当局者迷"为何是一句屡试不爽的老生常谈?其实跟在形成亲密关系的过程中,双方在自己的内心里形塑对方的人格印象时,都有各种程度不一的主观扭曲及一厢情愿的自我诠释有关。

人格,是一颗层层包裹的洋葱

人格,英文 personality 的来源是拉丁文的 persona,意指"面具""呈现在外的那张脸"和"戏剧中的角色"。

多数人直观上认为,人格好像应该由内到外一致,是一种由深到浅的均匀结构,并且理当遵循学校课本曾经教过的各种伦理道德,或者社会认同的行为准则。就算没有办法完全做到,我们也应该为了让自己更被人喜欢,为了让身边的人幸福,致力于让自己更加完美,成为一个"更好的人"。

然而,事实并非如此。

影响人格形塑的因素,有生而俱在的基因本质,有从小到大的家庭教养,有无法控制的外在环境,甚至社会、文化、次文化都会在漫长的个人成长过程中影响每一个人，因而产生多样化的不同人格表现。

人格，与其说是一颗相对均质的苹果，不如说是一颗层层包裹的洋葱。人格，以生命赋予的天性为核心，出生时的养育为它包上一层，父母至亲在童蒙时为它包上一层，学校教育又为它包上一层，无所不在的社会文化再为它包上一层。

对男性而言，特别是在我们的文化习俗之下，在人格养成的过程中，被赋予了各种"任务"。例如，"你是男孩子，不可以哭！要坚强！""男孩子怎么可以这么胆小！将来怎么养家？"面对这种种挑战，人格的洋葱就会被一层又一层地包裹上各种武装。

遗憾的是，在某些人身上，这样的武装很多时候并不友善。

为了去获取些什么或者为了去争夺些什么，这些人格上的各种武装，有可能会以欺骗、榨取、冷酷甚至暴力的方式来呈现；而愈是扭曲的人格特质，就愈会让身边的人受到伤害。

在朋友间，在求学时，在职场上，这些人格乖离于一般人情义理的病态者，终究会在长期的相处后，被身边终于知情的人贴上各种标签，受到各种嫌恶的指责；而在情感上，这些伤害身边之人至深者，则通常会被称呼为"渣男"。

❀ ❀ ❀

在精神医学上，有多种特定的人格障碍诊断，各自分类、描述几种由于人格特质导致个人严重的临床痛苦或社会功能损伤，而被认定为异常。前述彩樱和筱雨的男友，就和其中的"边缘型人格障碍"的表现十分类似。

依据《精神疾病诊断和统计手册》第 5 版的描述，下述的特殊人格模式中，只要存在 5 项以上，就很有可能是边缘型人格障碍。

1. 疯狂逃避任何"被抛弃"的状况（不管是实际的还是想象中的）。

2. 人际关系模式紧张而不稳定，特点是在"理想化"和"贬抑"两极之间转换。

3. 认同（identity）障碍：持续、显著地出现自我形象（self-image）或自我感受（sense of self）方面的不稳定。

4. 至少出现两种会造成自我伤害的冲动行为（如过度消费、性滥交、物质滥用、危险驾驶或暴饮暴食）。

5. 一再的自杀行为、作态要自杀、威胁要自杀或自残。

6. 由于情绪反应过度，而造成持续的情感状态不稳定（莫名的突然不悦、易怒或焦虑，常常发作几个小时之后又缓解）。

7. 慢性的空虚感（feeling of emptiness）。
8. 不合适且强烈的愤怒，或难以控制其愤怒。
9. 短暂的、与压力相关的妄想意念或严重解离症状。

- 你会不会觉得，自己说过、做过的任何事都会被扭曲，反过来成为自己被指责的理由？
- 你会不会觉得，明明你做的是同一件事，却在不同的时候被对方解释成完全相反的意思？
- 你会不会觉得，很多时候他将你像女王般捧在手心里，但毫无来由地又在下一刻将你贬损得一文不值？

你很难抗拒边缘型人格对你的崇拜

如果你在亲密关系里有过上述的感受，那么不妨仔细看看另一半的人格特质，与前述的 9 个诊断准则中，是否有某些吻合。

边缘型人格在一般人群中，占比大约为 1%～2%。女性的比例通常比男性多，但不代表男性就没有。

这种人格疾患的成因，目前还没有定论，但先天的神经生理因素、后天的成长环境和童年的精神压力或心理创伤，都有可能让边缘型人格的出现概率大幅提高。

照理来说，人格障碍既然是一种长期而稳定的病态模式，理应很容易被人发现、让人想要避开，或至少对这种人敬而远之、保持距离才对，但现实中跟这类人格障碍的患者纠葛不清的例子，却比比皆是。

多数人总认为自己遇到这种人，一定不会"被骗"，或者必然能看透这类人，但真实的状况是"善泳者溺于水"。愈是对自己的慧眼深具信心的人，反而愈容易陷入这种病态的关系而不自知。

而最无法逃脱的人性陷阱，是来自每个人对拥有美好亲密关系的那种强烈渴求。

情人眼里出西施，没有人不希望自己在对方的眼中是最完美的，所以我们在恋爱刚萌芽时，会格外拘谨，会更注意自己的一言一行，连一根头发、一个转身都希望能完美无缺，呈现自己最好的一面。

即使我们知道这世上没有完美的人，但我们相信真爱会弥补这中间的差距，一旦真心相爱了，就会化腐朽为神奇，就会填补上我们心中的那股不自信。

但也正因为如此，多数人都会防备不真诚的花言巧语，担心那是伪装的真爱，所以当追求者有溢美或任何过度的激赏，他们反而会产生难以释怀的不安，甚至能进一步识破动机不纯的爱情骗子。

但你很难抗拒边缘型人格对你的崇拜，原因在于边缘型人格根本没有"说谎"。

对他而言，你就是如此重要的存在

不同于某些别有居心者的巧言令色，边缘型人格自会以一种独有的扭曲现实的能力，将你推向"全好或全坏"的极端境地。

所以他不需要演技，他也不用面对说谎时内在的心虚。在"全好"的阶段，你就是他生命中最完美的存在，是他生命中最终极的救赎。没有人比你更了解他，没有人比你更能触及他的灵魂深处，也没有人能够像你这样，对他做出如此伟大的付出。

即使你根本什么也没做，但只需要一个微笑、一个点头，对他而言，就如同荒漠中的甘霖。

"这也太夸张了吧？"几乎每个人在一开始都会有这种感觉。

但如果你确实曾经付出过一些善意，即使只是礼貌性的互动、一份普通的社交关心，到最后，你都会在对方无比真诚的感激中逐渐被说服——原来对他而言，你竟然是如此重要的存在。

那样的虚荣，并不容易抵挡。

❈ ❈ ❈

而接下来，你更会经历一段这世上最甜蜜的热恋期。你几乎不用任何付出，那种"害怕被抛弃"的心念，自然就会让边缘型人格在这段过程中对你无微不至。

他会打听你的一切喜好，主动成为你最期待的那个人，出现在任何你可能需要他的地方，呼应你不经意间提出的一切愿望，就像那个五岁孩子对走失亲人的依恋一般。就算你有各种不合理的要求，那也都只会是他心甘情愿要去面对的考验。

他不能失去你/被你抛弃。

"这应该是真爱吧？"从来没有人见过的、只出现在浪漫影视剧或小说中的名词，成为你对眼前所发生的一切的最佳解答。

即使身边的人这时提出质疑，也很难让你对此产生动摇。

因为别人不是你，他们没看到过病态渣男凝望着你的真诚眼神，没见识过他对你掏心掏肺的付出，也不相信他真的没想过占你的任何便宜，而只需要你的存在或一句贴心的问候即可（至少一开始交往的时候是这样）。

但是，这样的状况，不可能恒久不变。

你陷进某种"众叛亲离"的绝境

也许是一句没有恶意的失言，也许是和另一位异性的无心互动，甚至是为了与某个老友聊太久而不经意间忽略对方，都有可能在瞬间打碎这份你以为是天上掉下来的真情挚爱。

而且更糟的是，往往在这一天来临之前，多数人已经让自己陷入某种"众叛亲离"的绝境之中了。

身边可以支持自己的朋友，可以提供喘息的人际关系，在和病态渣男纠缠日深的过程中，常常已被自己推向了冷漠的远方。

这种当事人的生活，逐渐被边缘型人格破坏、转化的现象，一部分来自边缘型人格以爱为名的关系榨取，另一部分则来自我们对亲密关系的一些约定俗成，但并未认识完整的错误信念。

●●**第一种信念是："在爱中，我们要彼此付出，彼此负责。"**

这听起来似乎并没错，但多数人没有深究的是，这种信念中的"彼此"，其实质是在人格、尊严层次上的相互对等，而不是你出 3000 元我也要出 3000 元的那种等价交换。亲密关系中的两个人，不可能是镜像映射的双胞胎，可以两人同挑一担水就出同样的力，或一定要以己之长补对方之短，那是在真诚地相互了解之后，互相磨合，最后才能达到的互补。

而且，磨合就必然是先有磨，才能合。既然有磨，自然也会有痛。完全的灵魂契合，全然的无痛结合，那是爱情神话。

只有在真诚相待的前提下，彼此做出不违背本性的最小妥协，因而稳定而长久地在一起时，可以互相付出、彼此负责的和谐亲密关系才有可能产生。

但边缘型人格的做法，完全不是这种状况。

他病态地扭曲自己的视角，不去真诚地了解对方、表达自己，反而将对方"完美化"，并因此投射出令人动容的"倾慕"，同时为了逃避自己意识深层对"被抛弃"的恐惧，将自己形塑为全然付出的工具人。

以爱之名，将这样的付出潜移默化成为对方"欠下的情债"，那跟硬塞给他人一大笔财富，等人家失去戒心花用之后才告诉对方，这是一笔高利贷一样。而这也就是所谓"关系榨取"的真正面目。

- "我这么爱你,所以才吃醋。你如果也爱我,就该和那些人断绝往来!"
- "你明明是最了解我的人,怎么可以不知道我会因为他而生气?!枉费我这么相信你!你如果了解我,就会知道不可以和他靠那么近!"

很多时候,当事人会因为这类反射性的信念,认为"他为了我做那么多,所以我也该为他做些事",因此落入病态人格的陷阱,成为他的笼中鸟。

●●第二种常见的信念是:"真爱应该包容、接受,是无条件的爱(unconditional love);他就是因为受伤太深,才如何如何……如果让他了解他的指责是错的,让他知道这些是误会,知道我的真意,那么问题就能解决了。"

其实,包容不是纵容,接受也不是忍受,无条件的爱更不是无限制的溺爱!边缘型人格的另一个常见特色,就是他往往是永远的受害者。

如果我们理解这种病态人格倾向的特性,知道他会将过去的种种都归类在"全坏"的阵营,这样的受害者自我中心,也就不难理解了。

也正是因为这种归因的视角,完全来自人格偏差所产生的认知扭曲,所以几乎任何与边缘型人格之间,关于责任义务、谁对谁错的辩论,都会变成一团颠三倒四的扯不清。

除了不断被责备、受伤之外,最后甚至只能无限制地自我退让,变成对方任意施加各种情绪勒索的受害者。

边缘型病态人格（四）

> 不是全黑就是全白的扭曲特性。

再美丽的梦，总也有清醒的一天，更何况与病态人格的关系，最后几乎都只会沦为令人急于清醒的噩梦。

但如果你仍然对这一段关系抱有期待，这并没有什么好自责的。对人性抱持信心，对爱情充满希望，那都是你灵魂中足以自豪的光明面。

若你无法承受那样的痛苦，决定结束这样的关系，那也是你应有的权利，并不会因为这样，就亏欠了别人什么。

但不管打算站在哪一边，你最终都要为自己下决心。只有这一点，是非你一人完成不可，没有任何人可以协助你。

由于长久和病态人格在关系中纠缠，通常，这时候的你已经筋疲力尽了。

与边缘型病态人格相恋：

- 会让你认为自己该为关系中的所有问题负责（却回避掉他也有责任的部分）。
- 会让你相信他的问题行为都是你造成的（却忽略掉他的每个行为都是他自己做的决定）。
- 还会利用你相信的所有人性的美好，所有对爱、对无私的信念，反过头来剥削你，让你为了改善这段关系而心力交瘁。

如何拿回生命的主控权？

这样的你，该如何拿回自己生命的控制权？

我建议，这时一定要先确立一个核心的认识，那就是，所谓的爱情，两个人的亲密关系，甚至最终进展到结婚，它必然是双方在共同合意及法律规范下，彼此以共同生活为目的，而一起经营的两人关系。

既然是两人，既然是"合意"，若没有定位好彼此的位置，任由一方全然地掌控解释的权力，就会连脚跟都不可能站稳，更不用说向前迈进，而两人的关系也永远不会稳定。

任何一个重新定位、认清两人关系的时刻，都是对自我的重要检视。

但要如何开始呢？在这里，我建议可以认真地审视自己的内心。

一、问自己，我为什么会沦落到如此的位置？

例如，认真回想你们之间如何开始产生不满，他如何开始对你指责、要求？而你又是如何开始内疚？

二、想想在这样的关系里，我有没有发现自己的内在需求是什么？我怎么定义"爱"？

是他自愿当工具人的某些行为，让我当时有了小鹿乱撞的感受吗？所以我其实真正需要的，是一个仆人？如果不是那样，那么我动心的、期待的会是什么？

三、当我自认为受委屈时，我为什么没办法为自己争取？

是什么东西挡住了我？只是单纯的懦弱和恐惧吗？还是我对他仍然有着期待？是仍然有些东西让我害怕失去而不敢反抗，还是我内心有着某种程度的内疚？是不是我毫不怀疑地接受了他对彼此关系恶化的所有解释？

四、在这段关系逐渐形成、败坏的过程中，我做了什么样的选择？

他现在回头来看，这样做是对的吗？当他怀疑我的人际关系时，我在和他争执之后，是很快选择妥协，选择完全照他的要求去做吗？这样让问题改善了吗？我是因为这样，再度被他信任，还是这反而成了关系剥削变本加厉的开始？

五、在两人关系里，我的责任是什么？我该做些什么？

"你如果爱我，就应该接受我的……要求"，这样的语句是对的吗？这真的是我的义务或责任？那么，我可不可以反过来说"如果你爱我，你就不会这样要求"？但若我对他这样说，他会不会反而大怒？

这样的反省，不是让自己和对方针锋相对，也不是与对方吵架的"指引"。事实上，前述的这一切，并不适合与对方共同讨论，而是给你提供一个进行自我反省的契机。

更重要的，因为那是一个自我内在的检视，因此不需要考虑任何不经思考就自动在内心跳出来的教条或者"应该"。我们需要检视的是内在深层对关系的渴求，而不是在理想中施加给自己的任务或者期待。

- "我怎么会贪图拥有一个工具人?那是不对的,我'不应该'有这种想法……"
- "我得不到家庭温暖?我只是想找个避风港?我哪有那么依赖?"

任何扭曲的两人关系,都可以映照出彼此性格中的弱点

如果不承认自己内心有着物质需求上的匮乏,也就很难领悟为何名贵的礼物,总是很容易打动自己的心。

如果不承认自己在原生家庭中的被遗弃与挫败,也就很难理解为何追求者总是可以用各种"小贴心",来让你轻易上钩。

任何扭曲的两人关系,都可以映照出彼此性格中的弱点。

被边缘型人格抢走关系诠释权固然不对,但反过来一味地指责对方,也不是我们的目的。

每一种"理想"和"梦想",都多少寄托了一点儿不切实际,这也是爱情可以成为各种传奇故事核心的主要原因。

自我改变,不可避免

直面自己的内心,才能做好和渣男摊牌之前的准备。在

面对有问题的关系时，不管对方的人格型态是什么，最重要的第一步，永远是"照顾好你自己"。

当你开始能够诚实地审视自己的内心之后，接下来，要理解和面对的一件事是：如果要改变两个人的关系，不管是维持、改善还是断舍离，某种程度的自我改变是不可避免的。

除非你坚持自己是完人，在两人关系中完全没错。当然，如果这正是你所想的，那么对于你们两人之间亲密关系的最真实描述，只怕是你和带给你痛苦的那位渣男，你们二人是棋逢对手，因为你们双方都认为"问题完全出在对方身上"，这最后只会带来一场无解的僵局。

而且不管是否僵局，更重要的是，人格障碍之所以是障碍，你几乎没办法轻易改变他的以自我为中心，更没办法让他愿意去接受改变。他有他的意志，而你能做的，也只有从自身的改变开始。

确认自己的价值和信念

改变自我的第一步，从之前的自我省思做起。接下来，要做到的是确认自己的价值和信念。

你可以选择完全拥抱自身所有的内在渴望，那没有什么不对。例如，我就是觉得另一半要完全承担赚钱养家的责任；

我就是觉得他该随时做我的骑士，为我而存在。如果这就是你选择的价值和信念，那么诚实地面对，并做好以此为基点，和他人、和这个世界做开诚布公沟通的准备，并且坦然准备承受一切可能因此而产生的后果，这也是个很重要的改变。

别以为这样做，没有改变什么。

如果在前阶段的自我检视中，你曾认真地思考过彼此亲密关系的变质历程，那么你通常就会发现，自己一定在某个质变的过程中，选择了掩盖自身的需求。因此，仅仅是"不再掩盖""不再妥协"，打算光明正大地告诉这个世界"这就是我"，就已经是一个很巨大的自我改变了。

但一般人通常不会有这样的状况。全然地顺从自己内在的需求，那大概是婴儿时期才有办法做到的理直气壮。多数人会在自我反省的过程中，一方面看到自己极少认真深刻思考过的，在亲密关系中的个人需求，但同时也会在心中出现一个"更好的我"的形象。期待或相信自己并不自私，肯定或认同自己更愿意在关系中付出，而那些，我们称为亲密关系中的个人价值与信念。

既然是价值与信念，那么就没有什么绝对的是与非，你甚至可以选择"三从四德"，只要自己看清背后需要付出的代价，和这种关系先天架构中的极度不平等，并且甘心接受，那么也没有什么不好的。

但或许你也可以选择更平等一些，衡量一下，如果要关系长长久久，那么什么样的位置，什么样的付出与索求，是你可以承担和接受的。

也只有在确认这样的价值和信念后，才能以此为基础，一方面寻求支持与资源，另一方面让自己更能站稳脚跟，与对方沟通。

寻求外在协助者

为什么在与对方沟通之前，要以自己的价值和信念为基础，寻求支持与资源？

原因在于，不管个人如何地自我反省、如何地体悟，这世上就没有完美心智的人，而受限于自身的人格缺陷，我们看事情总是有一定的盲点，特别是攸关自身的事情。

如果再加上人格偏差的另一半在两人关系中翻搅，这时就仿佛共同落水而不幸捆绑在一起的两人一样，若没有一个在岸上的第三者给予协助，最常出现的状况就是两人之间不断地拉锯，最终只有同时灭顶的这个结局。

所以，找寻认同你价值和信念的外在协助者，也是绝对必需的。他可以帮助你澄清现实，因为当局者迷。病态渣男颠倒是非的能力，永远需要旁观者来协助看清。

外在协助者也可以提醒你，不要陷入病态渣男的不稳定人格所制造的各种关系陷阱中。毕竟曾经拥有美好的过去，再加上人格边缘式的疯狂追悔，当事人会很容易如同爱情上瘾者般，因为意志不坚而再度沦陷。这时，一个随时可以协助提醒的旁观者，常常可以适时地帮忙踩刹车。

设下保险机制

最后，你也需要协助者帮助你设下某种形式的保险机制。

边缘型人格的特性之一，就是情绪上的大起大落，若再合并药物、酒瘾，那么各种暴力或危险行为的出现，都不是什么不可能的事。适时寻求外在协助，以确保安全，更是处理和渣男之间关系的重要措施。

但这个世界上有一万个人，就会有一万种价值和信念，你在确认自己的选择之后，通常只能求助于认同你或至少要接受你的价值观的人。

一个女性主义者，在四周都是传统礼教束缚的社会中，注定只会感受到众人异样的眼光与歧视；但同样地，一个只求"寻得良人可以仰望终生"的小女人，也很难不在相信人人都该努力追求自我的群体中，被按上懦弱的标签。

寻求专业心理协助

- "男人都这样啦,你看开点儿就没事了。"
- "你不忍耐怎么办?小孩需要个完整的家啊!"

如果很不幸地,你身边原有的关系都在这段令人痛心的爱情中被破坏殆尽,或者你身边的人几乎都陷入某种与你格格不入、让你巴不得从中逃脱的信念中,甚至成为让你遭受剥削的帮凶……通常,这时找寻适当的专业心理协助,会是很好的选择。

因为不管是协助亲密关系受暴者的专业团体、受过良好训练的社工、心理咨询师,还是精神科医师,专业心理人士的立场都是以"不预设价值""不任意批判"为核心的信念,并依此协助、发掘求助者的潜力,帮助受困者度过生命困境。因此,不管能不能找到身边亲近的、熟识的协助者,这些心理专业人士或团体都会是在你寻求支援时很好的求助对象。

当你已经得到初步的支持,确立自身的价值与信念后,在改善关系的努力方向下,接下来,至少要做到以下三点。

1. 除了已经确立与自己同盟、具有协助关系的"盟友"

之外，不要太在意他人对你的评价。你对自己的价值和信念，要有绝对的信心。

2. 界限（boundary）清楚。所有的施与受，自己能够以及不能够做到的，要有一把很清楚的尺子，而且能在沟通中用有效的方式表达出来。

3. 不要成为他人依赖的对象。不要让自己承受以爱之名所产生的，任何形式的关系剥削或情绪勒索。

学习设定界限

价值与信念的部分，如果仍然有所动摇，或者在调整亲密关系的过程中产生自我怀疑，那么与协助者或专业人士详细讨论是绝对必要的。而在坚定信念、确立价值之后，接下来最重要的就是界限的设定。

帕特丽夏·埃文斯（Patricia Evans）在她的著作《语言暴力》（*The Verbally Abusive Relationship*，1996）一书里，提到几个合理的界限设定。

> 1. 人在关系中，有权得到情感上的支持、鼓励和正面的善意。

> 2. 每个人都该在彼此尊重的角度下，被适当地倾听与回应。
>
> 3. 即使彼此的观点不同，但每个人都可以有自己的观点。（观点可以沟通，但不能凌驾他人。自己的观点只能自己遵守，不是拿来奴役别人的工具。）
>
> 4. 个人可以有自己的感受和经验，不必争论谁的才是"正确"的。
>
> 5. 人都有过自己想要的生活的权利。（这不代表别人一定要配合你。如果你想要的生活会让身边没有人跟你做伴，那也是你的选择，别人要尊重，而你则要承担这种选择的后果。你有权利做这样的选择。）
>
> 6. 人有权利免受身心虐待。（任何情绪上的虐待都是不对的，更不用说身体暴力。）

这样的描述，也许会让人觉得抽象，不过这里有一个很简单的判断方式，再参考上述的几点内容来审视自己的界限，那就是注意在人际关系中，造成你负面情绪的事件引爆点。

让我们想象一个虚拟的情境：假设你现在的工作，在内容上其实很有弹性，同事的业务就算和你的对换，通常你也觉得完全没有差别，所以一直以来，如果有同事想和你商量调整，你都是来者不拒、有求必应。

但很不幸地，就有这么一次，一位低情商的同事，在完全没有知会你的状况下，将你们两人的业务做了交换，然后事后才通知你。

这时候，你腹中升腾起了一股无名火。虽然为了办公室和谐，你隐忍不语，但你心中实在觉得难受……

我们可以有很多种角度，拿很多理由来解释你的愤怒。也许你在意的，会是自己没有受到足够的尊重；或者你更在意的，是要拥有足够的自主权；更有可能是，你在理智上完全明白不管对方问或不问，最终的结果都会相同，但你仍然在意自己这样的感受，你觉得没有被认真对待……

事实上，这些理由可以用一个很简单而笼统的解释来看待，那就是你的"界限"被侵犯了。

通过写日记，找寻情绪引爆点

通过对情绪引爆点的观察来找寻自己的界限，我建议不妨尝试一些方法，例如写日记，在找寻自己内在的需求上，也会比想象中要有用很多。

因为在和受害者对话时，常见的一个状况是，受害者通常只能很抽象地描述自己的情绪，但无法具体地举例说明，到底对方是如何引起自己的怒气的。

但这时，试着让受害者写下生活中的点滴细节，就很容易让人想起特定的事件。有时是不明不白，或不公平地被对方指责；有时是自己的需求、感受被曲解，被否定，甚至是任何你自己不是很清楚的原因，但就是当时的某种态度、某类的眼神，让你非常地不自在……

重新再来一次，就像反省自己、找寻自我价值和信念的过程一样。我们在这样的情绪中，慢慢发掘出自己在意的界限。这有时需要朋友或旁观者的帮忙，有时需要心理专业人士的协助。

与边缘型人格沟通的两个注意事项

不过，在发掘和设定界限的过程中最常出现的抱怨是，病态渣男常让人觉得，对方才是一个比你高明百倍的划界限高手。他随时可以变动规矩，用各种不同的理由，为自己的要求寻求正当性……

这也是在设定界限时，一个最常犯的错误和曲解。

界限不是法律，界限更不是道德。它其实是个人主观需求的倒影，因此没有绝对的是非对错可言。

需要计较的，只有亲密关系中的两人，能不能真正地理解和尊重对方，并且在心甘情愿的状况下接受，协调出一个可长可久的共同生活模式。

而在了解自己、清楚界限的位置后，两人关系需要面对的最重要一步是沟通，一种诚实的、愿意互相理解并彼此尊重的真正的沟通。

沟通的方式是一门非常深厚的学问。即使看遍了市面上所有讲沟通的书籍，但很多时候，我们在面对一般人时还是经常有无法顺利交流的情况，更不用说面对可能有着边缘型人格偏差、难以沟通、以自我为中心、扭曲现实的另一半了。

求助于专业的伴侣咨询，几乎是绝对必需的，如果你最终的目的是希望彼此都能改变并进而修复这段关系的话。

但在沟通的众多重要原则里，有两个与边缘型人格高度相关的沟通注意事项，值得当事人时刻提醒自己，铭记于心。

一、认清对方言语中的攻击，是基于他以自我为中心的眼光中所呈现出来、经过扭曲后的现实。

听者要尽量避免落入对相关的"现实到底为何"的争辩与纠缠之中，应将焦点放在彼此当下的情绪认知上，并针对情绪来加以讨论。

二、谨记边缘型人格不是全黑就是全白的扭曲特性。

我们在沟通时，必须针对这一点，尽量提醒对方在非黑即白之外的各种可能性，让对方不要一直沉浸在极端的思考和衍生出来的极端情绪之中。

❈ ❈ ❈

让我们这样想象：如果你是一个四肢完好健全的人，当你面对"残废"的咒骂时，几乎可以确定你不会有什么怒气产生，浮现的情绪反而更多的是一种莫名其妙；但如果咒骂的言辞是"智障""丑八怪"，就不然了。

因为四肢到底有没有残废是很客观的事实，我们可以相当有自信地分辨出像"残废"这样的歧视性言语，是不是适用在我们身上。

但"美丑"和"智愚"，就不是那么好划分了。

这些概念，有很大的成分需要他人的认同，要和他人做比较，也就是说，我们的感受，会无可避免地要仰赖他人的观点。

而多数人也因此没办法在这些议题上，有着绝对的自信。所以，这类的言语攻击，会很容易让我们产生情绪反应。

别和边缘型人格争辩

如之前所述,边缘型人格的特性之一,是会将眼中的现实扭曲到极端的好或坏的情境之中。通常进入到"坏"的阶段后,我们所有的言行都可以被他恶意地曲解和攻击,而我们一般的反应,也会直觉地想用争辩的方式,来扭转这样的攻击或指责。

但这样的做法,往往只会让怒气在两人之间反复循环,完全无助于我们真正期待的交流与沟通。

比较好的做法是,将焦点放在承认和认知到对方的情绪上。

"你又加班了!早加、晚加,每次都跟你学长在一起!不怕人家说你倒贴吗?!看不起我,嫌我赚钱不够多吗?……"

你可以看到,短短一段话,将偶尔的一次加班,用一个"又"字说成了常态。全办公室的人都在,却聚焦在一个学长身上,还直接宣判莫须有的"出轨",连嫌贫爱富的理由和动机都自动安装上去了,这就是常见的边缘型人格指责的语句。

如果你因而卷进"什么才是真正的'现实'"的争执中,

几乎可以预见这样的沟通不会有好结果。

"我知道你不喜欢我加班，其实我也很讨厌，今晚全办公室的人都被骂得要死。我也很清楚你不喜欢我那个学长，每个人都可以对别人有不同的看法和评价，或许你是担心，别人眼中会有'倒贴'什么的闲言碎语。这样的担心，我当然尊重，虽然我没有这种想法和感觉，也还没听到有人这么说。至于钱少、钱多，我知道你一直想要有更高的收入，也认为那可以决定一个人的价值，但我并没有这样的想法。"

当然在真实世界里，对话不可能这么理想而简单，但上述的回应原则和沟通方式，在和边缘型人格的交流里，比较可能达到沟通的目的。

回应边缘型人格的情绪和感觉，不争辩现实

因为主要的焦点在于回应对方的情绪和感觉，并不是抢夺彼此对"现实"的唯一诠释权，并且用一种非指责、非否定的方式，陈述自己对"现实"的不同观点。

而另外一个要点，就是在对方认定的"坏"的现实中，技巧性地置入相反的现实。

就像一开始"其实我也很讨厌"的这个回应，除了表达出和对方同调的情绪之外，也将对方语意中"你爱加班，因为你想外遇"的指责，转化为"我也有可能并不爱加班"的陈述。

"如果你爱我，就该体谅我工作的辛苦！只不过逢场作戏，需要这样大惊小怪吗？"边缘型人格可能会这样说。

"也许有很多人，可以接受所谓的灵肉分离、逢场作戏，但也有些人完全没办法接受，我就是那种没办法接受的人，那样会让我非常受伤。"

以上的对话，也是另一个类似的例子。

将边缘型人格非黑即白的视角，拉回灰色的现实中

因为这样的对话，提醒了沉浸在极端解释、极端"道理"，并且以此威胁、指责另一半"不够体谅"的病态渣男，告诉给他们，其实这世间还存在着被他刻意忽略掉的不同观点，也清楚地表明自己的界限所在。

认知到对方所说的确实是某种"现实"（逢场作戏被接受，是一种可能性），但同时提醒对方另一种"现实"也可

能并存（那就是一定也有人完全不接受这种事）。尽量将对方非黑即白的视角，拉回到充满灰色、需要被适应和彼此调整的真正的现实中，才有可能让彼此的沟通进入讨论和达成妥协。

以上的沟通方式，特别是对自我的审视、对界限的厘清，并不只是针对特定的人格障碍，在多数亲密关系产生问题的当下，都是可以拿来参考的方法。

而这在本书最开始的时候提出来，也是提醒读者，在接下来所有类似的病态渣男身上，上述有很多的原则都是很重要的参考指标。

与边缘型人格分手，艰难又危险

可惜的是，实际面对这些扭曲人格所带来的痛苦关系时，就算在最有经验的心理治疗师协助下，多数的沟通也并不会理想和顺利。很多人最后会因为认知到彼此不可能为对方改变，而选择结束这段关系。

虽然对旁观者来说，合则来不合则去，似乎是最简单而又对彼此有利的原则，但对各种人格偏差的人来说，这样的分手宣告，只要不是由自己主动提出的，都会是一种极为严重的失落与挫败。对于无法承受各种实际或想象中的被抛弃的边缘型人格而言，尤其如此。

这也使得与边缘型人格分手，变成一个极度艰难而又危险的任务。

事实上，面对任何一种类型的烂男人，分手都不会是一件容易的事。

这部分分手的艺术，在之后的文章里，我们会单独用专门的章节做深入的讨论。

自恋型病态人格（一）

> 他会对你"付出"，但付出背后彰显的是个人自恋的倒影。
> 言情小说"霸道总裁系列"真人版。

第一次在身心科门诊见到晓欣，她是个从一流大学毕业的高材生，转变为工作小有成就的小主管，再沦为被亲密关系折磨到身心俱疲的小女人。

晓欣的身上辗转被冠上各种疾病名称：胃食管反流、心脏二尖瓣脱垂、过度换气综合征、抑郁症、焦虑症、自律性神经失调……这样长的病史，就算再有经验的精神科医师，也很难不给她一个诊断。毕竟该有的身心症状，晓欣无一不符合。

但整个问题的全貌，在见到晓欣大男人到了极点的丈夫之后，却有了一百八十度的大转弯。

"医生，我看之前那家医院的 SSRI（一种抗郁剂）没什么效果，有没有什么针对多巴胺的药物？我觉得她认知功能有下降的现象，要不要做个 functional MRI（功能性磁共振成像）之类的？自费也没问题！"

乍听之下，我还以为晓欣的丈夫也是个医师。

但似是而非的观点，夹杂着多而无当的英文术语，再瞥见一旁晓欣尴尬的样子，显然这样的状况并非偶一为之的失礼，而是晓欣丈夫的常态。

在支开晓欣丈夫和晓欣深入会谈后，一个长期遭受自恋式凌虐（narcissistic abuse）的典型故事，清楚地浮现在我的眼前。

强大的自信

作为一个学霸高材生，从第一志愿的高中到顶尖的理工科系，晓欣丈夫资优生的身份毋庸置疑。

但与其他书呆子不同的是，晓欣丈夫身上仿佛天生带着一种强大的自信，从对政治人物的嬉笑怒骂，到对身边人和事精准无比的冷嘲热讽，充满机锋的冷面笑匠风格，迷倒了包括晓欣在内的社团学妹们。

然后不知怎的，丈夫就是挑中了晓欣。那句"也只有你这样的女人才配得上我"的告白，和之后各种充满自信与男子气概的海誓山盟，让晓欣在热恋后很快就和丈夫步入了婚姻。

遗憾的是，两人的关系在婚后明显地走样了。或者更精确地说，其实所有的事情在婚前就已经有相当多的征兆，只是晓欣从没想过，两人相处时的那份违和感，除了是自己多心之外，是否还有另一种可能。

言情小说"霸道总裁系列"真人版

晓欣的丈夫在婚前就很有主见，这在一群理工宅男里是一项相当少见的特质。但凡该去吃些什么，该去哪里玩，买什么衣服才有品位、档次，丈夫都有自己的一套看法。

在热恋时，晓欣还能自嘲，这仿佛就是言情小说霸道总裁系列的现实真人版，甚至暗自庆幸不用因为自己的优柔寡断，招致女人连午饭要吃什么都无法决定、真是难搞之类的批评。但当两人的生活出现更多交集时，晓欣开始发现，自己的意见也变成了被嘲笑和贬抑的对象。

不只是在生活琐事上，晓欣的所作所为饱受丈夫的嫌弃、嘲弄，从穿着打扮到晓欣的闺中密友，甚至连工作上的同事及自己所专注努力的事业,也都是如此。

一切都从"既然你是我的女人"开始。

- "你那什么衣服啊?把自己搞成黄脸婆,都是我的人了,有点品位行不行?"
- "你那点儿鸟工作,干吗想那么多?没了你,地球就不会转了吗?我一个专利出来就是公司几千万的获利,看过我像你这样搞吗?没那个屁股,就别吃那个泻药……"
- "那群人就是一堆八婆,你可是我老婆。跟那些没格调的人混一起,难怪脑袋里都装些没营养的东西。"

没错,晓欣是网购了几件便宜的衣服,但那是为了省钱和方便,同时也兼顾家庭,因为晓欣已经无法像单身时那样有较多的时间逛街了。

丈夫的理工专才确实可能有很亮眼的成就,但眼前毕竟还一事无成。如果不靠晓欣尽心在她的那份工作上赚钱,家里的开销也不是那么好打平。

更不用说晓欣的手帕交了,多年来作为她吐苦水的对象,被丈夫贬抑、只能在柴米油盐中折腾的晓欣,除了和她们说些生活家常,又哪还有什么"高级"的东西可以拿来和朋友们闲聊？

"不成功"的外遇事件

最后，在一次"不成功的外遇事件"后，晓欣彻底崩溃了。

丈夫在公司里，竟然热烈追求一位女性同事，但对方知道丈夫已婚的身份，因而断然拒绝。没想到，丈夫仍然死命纠缠、骚扰，导致对方直接找上晓欣。

但真正离谱的是，丈夫确实因为这样的事情被揭发而情绪失控，但他的焦点竟然是"自己怎么可能被拒绝"，以及指责晓欣"怎么可以看到自己丈夫被人侮辱，还站在外人那边"。

❈ ❈ ❈

依据《精神疾病诊断和统计手册》第 5 版的描述，有一种病态人格的特性跟晓欣丈夫的表现非常相似，它就是"自恋型人格障碍"（narcissistic personality disorder）。

只要符合以下描述中的 5 项，就很可能患有"自恋性人格障碍"。

1. 对自我重要性（self-importance）的自大感。如夸大成就与才能，在不相称的情况下，期待自己被认为是优越的。

2. 专注于无止境的成功、权力、煊赫（brilliance）、美貌或理想爱情等幻想中。

3. 相信自己的"特殊"仅能被其他特殊或居高位者（或特定机构）所了解，或应该和这些高位者有所关联。

4. 需要被过度地赞美。

5. 认为自己有特权。例如，不合理地期待自己有特殊待遇或别人会自动地顺从他的期待。

6. 在人际关系上剥削他人。例如，占别人便宜以达到自己的目的。

7. 缺乏同理心。不愿意去辨识或认同别人的情感与需求。

8. 时常妒忌别人或/且认为别人是在妒忌他。

9. 显现自大、傲慢的行为或态度。

"我"是如此美好，所以我的一切行为一定也很美好

综合来看，晓欣的丈夫很符合这些标准，是狂妄自大、以自我为中心的病态渣男。但多数人只有在事情发生或长期相处之后，才会理解到这种自恋渣男的本质。因为在热恋时期，这些令人厌恶的本质会以一种全然不同的面貌，呈现

在你眼前。

一位自恋特质非常明显的已故作家，在洋洋洒洒解释他的爱情史时，曾有类似这样的名言："你不敢去追求，不好意思去搭讪，因为你爱自己的面子，多过爱对方。我就不会这样，我的爱情胜过我对面子、地位的爱好。"

乍听之下，这样的追求宣言是何等地浪漫与大气磅礴，仿佛一位爱情至上的骑士，正准备为了他的公主勇敢出征。但只要从自恋的角度来解读就可以发现，这也只是将温柔敦厚、不好意思随便打扰他人的美德，硬是解释成胆小懦弱；并且还将满足自身欲望的行为，以爱之名冠上了勇气的标签而已。

这就是自恋者标准的言行之一。由于"我"是如此美好，因此我的一切行为一定也是美好的。他只看得到他所自认的美好，并用这样的自信来迷惑你。

他的付出，是因为自恋

自信一向是一种优点，也是很多成功者、领导者所共同拥有的特质。但那样的特质在领导者身上之所以能存在，其前提是自身的实力，以及对自我深刻理解后反映在外而产生的一种人格魅力。

但自恋者的自信不是，它更像是一种失去理性，如发狂般忘我、盲目信仰的宗教。

因为是宗教，所以现实的实证并不重要，一切都是他说了算。也正由于是信仰，更不容许任何的质疑，而他自己就是这个宗教里唯一的神。

正如同多数误入邪教的信徒一样，一般人对于亲密关系的追寻，是一种以善为出发点的交流需求。我们当然期待从这样的连结里，求得幸福与平安，但邪教只会用各种虚假的承诺，来骗取信徒的牺牲奉献。

自恋型病态人格当然会在追求的时候，做出相当程度的"付出"，但那种付出背后彰显的，只是个人自恋的倒影。

- 他当然会帮你买宵夜，因为你哪里有能力决定吃或不吃东西。
- 你哪里有足够的品位去点最"适当"的食物。
- 既然他是能者，那么多辛劳一点儿也是合理的。但是，这种"多辛劳"的决定权完全在他自己的身上，也只能在他自己的身上，那是他给你的恩赐，所以他也随时都会收回。

自我贬低与自我怀疑，做各种"补偿"

自恋型病态人格的猎物，往往在建立一定程度的信任感之后，或者说在被他们自恋式的无穷自信所催眠成功后，会开始屈居于自我贬低与自我怀疑的弱势地位，不断诚惶诚恐地做着各种"补偿"。

- "他这么有才华，当然身边会有崇拜他的小学妹。也许他说的是对的，我自己心里是脏的，所以才会把别人看成脏的，我太任性自私了……"
- "我怎么可以怀疑他？难怪他生气。只是叫我先付首付款而已，他那么有信心下一笔工作奖金就快到手了。我不出来帮忙，实在太无情无义了……"

这是不是会让我们联想起前文提到的第五项"认为自己有特权。例如，不合理地期待自己有特殊待遇或别人会自动地顺从他的期待"，以及第六项"在人际关系上剥削他人。例如，占别人便宜以达到自己的目的"？

这两种自恋型人格障碍的行为描述，是自恋式凌虐在亲密关系中很常见的表现。

就字面来看，很难理解有人会容忍这样的行为，但在实际的情况里，自恋者会用各种华丽的借口，配上各种双重标准，解释并强调自己行为里所有可能的善与正义。

这样的狡辩解释，并没有想象中的难。

花钱，可以是挥霍，也可以是大方；不花钱，可以是节俭，当然也可以是吝啬，定锚点完全取决于你采用什么样的角度和标准。

而人类的理智，在以爱为名的各种包装下，很少能在第一时间就看出这其中的虚假，更不要说自恋型渣男那种充满自信的嘴脸，甚至几近暴怒的"义正词严"，会让受害者忍受自恋式凌虐而不自知。

不接触法则，识破渣男伎俩

如果两人的关系还没到千缠百结、难分难舍的程度，我建议试用一个简单的方法就可以轻松看出谁是谁非，那就是"三不"法则中的"不接触法则"（No Contact Rule）。

"不接触法则"经常被拿来作为亲密关系分手时的建议，操作起来有很多要注意的地方，但在这里，我们只是作为一个测试，还不需要用到太复杂的手段，只需要理解一个原理：

如果两人关系中，我是如此地累赘，两个人如此地拖累彼此，那么"不接触"，应该会让你好好地松一口气？

但实际的状况是，只要你让双方关系开始降温，几乎毫无悬念地，自恋型病态人格很快就会有剧烈的反应。

也许是指责你意图背叛，也许是卑躬屈膝地道歉，或者是精心设计各种浪漫的桥段，回头来告诉你，他有多爱你。

但这时只要仔细审视，特别是专注在这些行为背后所潜藏的自恋痕迹时，你会发现：

- 暴怒的指责，背后一定会牵扯出"我是如此地好，你怎么可以视而不见"的愤怒；
- 而卑躬屈膝的道歉，也可以显示出"我是如此地高尚，所以才会愿意做出这么有智慧的行为来安抚你"的自我标榜；
- 至于再一次浪漫地求爱，其中更深藏着"我是如此地深情，我是如此一个好情人，也只有我才能编排出这么浪漫的剧本"的骄傲。

但真正的重点只有一个：他，才是这段关系中真正的受益者，不管他为渴求这段关系，安上了什么样的借口与辩解。

不过，如果这段关系已经有着更深的连结，例如两人已经结婚，已经有了小孩，或者有很多生活、经济等各方面的纠缠时，"不接触"的做法就有了很多操作的难度。

而且更糟的是，自恋凌虐在这样的状况下会以更复杂多元但又隐晦的方式，呈现在关系之中。

自恋型病态人格（二）

> 表面上看起来历经数年的深情守候，其实只因他内心深处的不甘，无法接受失败。

我对青少年精神疾病不算专精，但在同业的请托下，我第一次见到了考上大学半年的小草，她刚刚18岁。

小草是个很清秀、漂亮的女生，却伴随着典型的重度抑郁症状，她情绪低落，体重下降，丧失各种动机与兴趣，几乎完全厌学，也完全没有任何新生对大学生涯的向往与憧憬。

束手无策的小草母亲只求小草能够正常吃饭，不要再持续用各种手段伤害自己。

小草的母亲在带着小草多次就医仍不见改善的状况下，经朋友的介绍，将小草转到我的门诊。

小草的父亲是知名外科医师，不仅不远千里地配合小草一同就医，还提前承诺，只要有需要，他愿意完全配合家族治疗的疗程，工作上请同业代诊，甚至还愿意改变维持数十年的诊所时段排班。

　　"如果找不到人帮忙，顶多就是少赚些钱。"在小草父亲的眼神中，仿佛就要满溢出来的，是他愿意为小草付出一切的热忱与对治疗的期待。

❈ ❈ ❈

　　"王医师……你确定小草的家庭状况吗？"科室里的社工找到空档，私下询问我。

　　"果然有什么问题吗？"因为我总觉得小草在我面前欲言又止，我担心是因为性别的关系，所以由女性社工和小草会谈，本来就不意外可能会听到一些在我面前无法启齿的隐私。

　　但我一听完整个叙述，才赫然发现，背后隐藏的内情完全超出我能想象的范围。

以妻子的二婚为耻

　　原来，事业有成的小草父亲，其实是小草的继父。小草的生母，这位继父当年苦苦追求但琵琶别抱的校花，则是在生下小草、结束一段不幸的婚姻后，才再带着小草，与这位始终不曾放弃的昔年追求者开展了第二段婚姻。

然而这样的背景，小草的母亲完全没有透露。我原本以为是小草的母亲无法面对，但在社工耐心地细问下，小草终于压抑不住讲出问题不在母亲，而是继父一直以妻子的二婚为耻的事实。

"如果是这样，那又何苦不断追求，让小草母亲点头再婚呢？"

我提出和社工完全相同的疑问。

而答案很简单，也点出小草继父自恋的本质。

内心深处的不甘

对于小草的继父来讲，身为校花的小草母亲，是他生命中一个残缺的战利品。小草的继父无法忍受当年在情场上的失败，因此表面上看起来是历经数年的深情守候，但其实只是出于内心深处的不甘。

小草作为拖油瓶儿，在成长过程中眼里所见到的，只有美丽的母亲在继父面前的自惭形秽和卑躬屈膝。

而随着继父事业有成，继父的自尊更是难以抑制地不断膨胀，母亲的地位也只能江河日下。

继父动辄"谁叫你当年瞎了眼""凭我的身价，捡你这破鞋"的咒骂，配上母亲完全被踩在地上的自尊与涓滴不存的自信，让心疼母亲只想努力维系家庭，不想让母亲婚姻再次破裂的小草，自小到大对继父百般地讨好。

但没想到的是，就在小草考上医学系、成为继父小学妹的那个发榜夜里，继父竟然趁着只有两人在一起的时候，毫无顾忌地对小草示爱。

可以想见，平日辛苦维系的家庭形象，在那一瞬间，活生生地在小草面前崩毁了。

崩溃的最后一根稻草

然而，更致命的打击是在小草努力澄清之后，继父毫不留情的责骂与母亲的不谅解。

"你一定想去大学交'新'男人"的指责，莫名其妙地被强加在小草对继父的惊慌失措和拒绝之上。

天知道从什么时候，继父开始以小草的"旧"男人自居。

"你这些年对我的勾引还少吗"的诋毁与咒骂，完全扭曲了小草一直以来的讨好和卖乖。继父忽略掉小草只是想用夸奖、崇拜继父的方式，来改善继父对母亲冰冷的态度。

而长期臣服在继父自恋式凌虐下的母亲，那种几乎第一时间就相信继父说法的态度，更是成为压垮小草精神的最后一根稻草。

即使小草来精神科就医，继父也只用一句"她一定是生病了"，就完全理直气壮地自动忽略了这么重大的生活事件，就只因为继父认定这些事情"毫不相干"，所以完全用不着跟精神科医师提及。

在婚姻中，自恋式凌虐会更隐晦

如同前文所说，在已经"生米煮成熟饭"的婚姻关系中，自恋式凌虐的存在会更加隐晦，但这并非自恋者因为婚姻而采用什么特别不同的方式来隐蔽自己的自恋，而是在很多时候，这段婚姻之所以能够成就，是因为病态渣男成功地锁定了猎物，而当事人却始终懵懂不觉。

之所以会盲目地走进自恋者的婚姻陷阱，除了因为激情而闪婚者之外，被捕获的当事人，通常有两个特质：

1. 当事人对于满足自身自恋需求的渴望；
2. 意识深处的某种英雄崇拜。

《霸道总裁爱上我》言情小说系列，是自恋欲望的完美体现

　　自恋并非一种邪恶而独特的存在，事实上，每个人身上或多或少都有些自恋的成分，也都会因为这种自恋需求得到了满足而感到愉悦。

　　我们其实都会期待自己是"独一无二的"，是"特别的"。即使如自体心理学所说，我们一般人都能随着成长，跨越不够成熟的自恋阶段，进入一个理解自己"并不那么特别""也许跟其他人同样是凡人"的成熟心智中，但那个内在的小孩、那种自恋的驱动，还是会让我们在可以的范围内追求成就自我的"特别"，满足内心残存的渴望。

　　《霸道总裁爱上我》等网络言情小说系列，就是这类自恋欲望的完美体现。多少对爱情充满幻想的女性，仍然会偷偷相信或期待着这样的事情，在现实中发生。

　　因为我是那个"特别的""独一无二的"人，所以霸道总裁可以践踏所有人，但他总是会看出我的特别，只对我一个人好……然而，冰冷的事实却是，会践踏所有人的人，也一定会践踏你；会轻贱所有人的人，也一定会轻贱你。

　　但只要自己内心的那个小小自恋没有被认清，那个比你更强大、更擅长操纵自恋的病态渣男，就可以用戴着真爱假

面的诱饵,将你捕获进那个名为婚姻的牢笼里。

人人都有的英雄崇拜,也是如此。

军人和医生自恋人格比例颇高

有一个关于自恋型人格的有趣研究显示,在美国的一般人口中,自恋型人格障碍的盛行率大概只有 0.5%;但在军队中的调查显示,具有这类人格障碍和具有这种人格特质的人,比例可以高达 20%;而类似的调查显示,在一年级的医科学生中,自恋型人格障碍的整体比例则高达 17%。

这样悬殊的比例,其背后的道理并不难理解。

不管是军人强调的军人气概和男性雄风,还是医科学生学业成绩顶尖、对未来职业充满着自豪与使命的自我形象和期许,这些都很容易让有着自恋特质的人,努力想要挤进这样的行列里。

不是这些职业让人变得自恋,而是自恋的人自然会想尽办法进入这样的职业。而同样的状况,也会反映在各行各业的成功者身上。

曾经有一个心理学实验,研究者设计一个类似大富翁的游戏让参赛者竞争,但在过程中通过修改规则,改变特定竞争者抽到好牌的概率,从而让某些竞争者获得最后的胜利。

但令人意外的是，不管如何去调查，几乎所有的参赛者都认定是因为自己天纵英才，所以才击败对手。几乎没有参赛者可以看见、说出背后的真相，那就是"我好像运气总是比别人好"。

其实，这也是相当多心理学家研究的课题。我们可以看到许多关于名人成功的传记，例如乔布斯传、比尔·盖茨传、巴菲特传……但从没看到过"照着乔布斯传去做""照着比尔·盖茨传去做"或"照着巴菲特传去做"而成大功、立大业的人。

我们习惯替成功者做出各种合理化的解释，而且将成就归功于当事人的英明神武，这就是英雄崇拜。

英雄崇拜成为自恋式凌虐的帮凶

在这样的前提下，自恋型人格不仅仅是夸张地相信自己的能力，而且如果这份能力也刚好打动某个崇尚这种特质的寂寞芳心，那么不管那个特质是成功的事业、高超的智识，还是优越的运动神经，都会成为自恋型人格搜集猎物的诱饵，更会在未来成为自恋式凌虐的利器。

- "成功男人的背后都有一个伟大的女人，所以不能好好打理男人的后方，做好后勤补给，那就是女人的失职……"
- "杀伐决断、才智过人的英雄，都要牺牲小我、讲求理性，因此女人的情感需求就成了小鼻子小眼睛的歇斯底里，没有见识的妇人之仁……"

小女人的英雄崇拜成了自恋式凌虐的帮凶。

相对于无视他人的功劳、只相信自己的自恋型人格，在光谱另一个极端的心理特质，则是常被人称为"冒充者综合征"（imposter syndrome）的一种心理状态。

当事人无法相信和自己有关的成功，是源于自己的努力或贡献，而只看见别人的帮助和好运，并因此完全没自信地活在害怕被拆穿的恐惧之中。

贤妻良母潜规则，是很大的共犯

配合上英雄崇拜和传统女性角色的刻板印象，我们时常看见很多"成功男人"背后有着非常多有才华的女性，但她们却由于臣服于男性的英雄光环与对他们的极度崇拜，甘愿放弃自身无限的可能性，而成为男性身边的附属品，甚至长期遭受自恋式凌虐、成为被剥削的对象而不自知。

知名日剧《月薪娇妻》(《逃避虽可耻却有用》)中有一个桥段，就将这样荒谬的关系清楚地揭露了出来。女主角面对男主角的正式求婚，这好像应该是美好结局的开始，却引发了女主角强烈的恐慌。

除了细数全职家庭主妇的付出，应该换算出来的实质薪资之外（在台湾地区，有相关的调查认为，全职家庭主妇的劳务有将近月薪五万台币的价值），女主角还点出，若把"相夫教子"作为一个职业，那么它和其他正常工作最大的差别就是，家庭主妇的工作永远没有真正的积累。

身为全职的家庭主妇，不像一般在外工作的人，可以升职，可以加薪，甚至可以因为能力高强而被挖走，得到足够的社会肯定。

家庭主妇最终至多可以得到的，就只有丈夫的欣赏、感激，和可能随时都会消失的爱情。

然而，这样的付出在传统夫妻关系结构中是被极端漠视的，就连一般男性都很有可能因为文化因素，而将这样的现象当作是理所当然的；对于那些自信爆棚，认为所有的成功都是出于自己英明神武的自恋男而言，就更不可能领悟出这种关系上的极度不公平，并让他们愿意回头正眼看待那些被他剥削的小女人了。

❈ ❈ ❈

恋爱关系里被自恋型渣男凌虐的女性，只要还没结婚，多少就都还有机会因为醒悟而及时挣脱这样的病态拉扯。即使过程会是痛苦的，但界限清楚的"不接触"原则，通常最后都能让人成功远离自恋型渣男的关系凌虐。

但已婚的关系，除了彼此长期的纠葛之外，在先天结构上，传统文化社会里令人难以不受影响的贤妻良母潜规则，则是很大的共犯。

自恋型人格改变的契机

虽然有些研究显示，适当的心理治疗有可能改善这样的婚姻关系，但多数临床经验会倾向相信自恋型渣男的病态行为，通常终生都难以改变。

即使是心理治疗，也有着双重难以克服的难关，除了自恋型人格本身不会有意愿，也不认为自己需要改变之外，受剥削的另一方也常常无法产生足够的自信，来改善自己所面临的压抑婚姻。

其余有可能改变的契机，还包括一些"矫正式的生活事件"，像是自恋型人格本身的一些新成就，使得自恋型人格投入"新"的领域,从而避开在两人关系中不断重复精神凌虐另一半,以满足自恋的行为。

或者是自恋型人格遭受"可以处理的"挫折,也就是说,那种挫折必须不至于大到让自恋型人格崩溃,否则很可能会形成反弹,让自恋型人格出现以心理暴怒的形式发泄他们自尊受损下的自恋式内伤;但也不可以太小,小到自恋型人格用夸张的自信自我催眠,维持他原本一成不变的人格型态。

这种挫折必须刚好不大不小,能够让自恋型人格去感受、体会另一半对自己的协助和重要性,那才有非常微小的可能,让自恋型人格愿意用比较不同的角度,重新定位两人之间的关系。

然而,以上的状况基本上都是可遇而不可求,而这会导致这场与自恋型渣男之间的赛局,唯一的必胜策略就是"一开始就别陷入这场赛局之中"。

依赖型病态人格

> 没有主见，过度依从他人，给人"妈宝儿"的印象。

"娶某大姊，坐金交椅……吗？"雪音即使内心伤痕累累，还是故作坚强，但一听到这句俗谚，就忍不住谈起自己为何在那段看起来女强男弱的感情里，反而心力交瘁、几近崩溃。

体贴男

雪音从没想过自己会在团购的社交软件上认识男友。当初，雪音也只是很意外，竟然会有男性和一群女生团购厨具，但也就是这份意外，使雪音开始了和男友的对话以及后续的交往。

"型男大主厨哦！"一群婆婆妈妈瞎起哄，腼腆的男友只好赶紧补充说，其实那是他打算买给母亲的礼物，因为他很早就听过这个牌子的厨具，那是母亲一直都很想要的。

"感觉上，似乎是个体贴男呢！"一开始，雪音就在心中印下对男友的好感。

交往一开始非常顺利。而对于感情，雪音一向很谨慎。浮夸的、具侵略性的、一眼看去就魅力四射的，都成了雪音的拒绝往来户。

但，男友不同。

男友总是带着腼腆的笑容，而且永远不会坚持己见，甚至可以说完全尊重雪音，让雪音完全放下戒心。而在交往过程中，男友充满赤子之心的行为，或是偶尔事情搞砸后的手忙脚乱，也让雪音觉得那给了她另一种安全感。

甚至，连和男友家人见面时的气氛以及男友母亲的亲切，都让雪音觉得非常温暖。

母子俩联手追求她

首次见面，男友母亲就如数家珍，谈起雪音所有的喜好，还准备了雪音喜欢的点心，热情挽留让雪音难以拒绝，雪音只好留下来吃饭。

这顿饭，除了让雪音尝到男友母亲的好手艺，更令雪音吃惊的是，餐点几乎完全配合雪音的口味。

"怎么感觉上，他和他妈妈是一起在联手追求你呢！"朋友听了这样奇特的"家人首见"经验，戏谑地对雪音说。

其实透过旁观者的眼睛，多数人都能觉察到在这种表面上充满体贴、无微不至的互动关系中，似乎隐藏着某些奇特的异样氛围。

连性事，男友母亲都知晓

男友人格中的惊爆点在论及婚嫁后一一浮现，两个人的关系随之急转直下。

其实，一开始的订婚完全是在男友母亲主动提议下进行的。

"我妈说，反正我们都常常在做那件事了，不如就住在一起，彼此也好照应，但总是要有个名分会比较好一点……"

雪音无法置信，自己和男友之间的性关系，竟然会被男友的母亲全盘知悉，更惊呆的是，男友竟然会一五一十地跟母亲报告这样的事情。

"我那个时候，也只是以为他们母子感情好，无话不谈。"

雪音事后这样解释。

❈ ❈ ❈

雪音不是没担心过，男友母亲作为一个单亲公务员，因为丈夫早逝而必须抚养独子长大，会如一般人所说的陷入"和未来媳妇抢儿子"的窘境。但在实际相处中，雪音发现男友母亲很鼓励他们交往，除了一开始从"忠厚老实"的男友口中套出雪音所有的生活习惯、刻意对她好之外，也时常抓着雪音念叨着男友的各种生活习惯、各式"改也改不掉"的"小"缺点，让雪音随时多加注意。

虽然尴尬，但雪音自忖年纪也不小，本来就担心被动的男友不知何时才会和她谈论未来，这回男友母亲都主动提出了，她也就顺水推舟，在完成订婚仪式后和男友开始同居。

但光是租屋的过程，就让雪音见识到男友不为人知的一面。

"妈宝儿大全"

"我想呢，这地方也算不错，押金和前三个月的房租我都付了，工作也方便。雪音，你也知道的，交通上的问题你比较好处理，就请你多担待啦！"

男友母亲客气但几近独断的决定，才让雪音发现，其实租屋的地点根本就选在男友老家的附近，而那里也是离男友工作很近的地方。

- "这公司是我妈托关系找的啊！她很厉害吧！薪水不错，还离我家近呢！"
- "不好意思啦，我真的不太会坐公交车，不是上错车，就是坐过头……还好我妈后来还特别找了认识的出租车行，不然出远门真是不安心……"

但这样晴天霹雳的发现，其实只是一连串问题的冰山一角。

后续的同居生活让雪音尝遍男友所有堪称"妈宝大全"的生活习惯。举凡回家衣裤鞋袜随手脱、随手扔，等着别人收拾之外，衣来伸手饭来张口更像是天经地义，一切都该由雪音负责。

然而，最后让雪音崩溃的还是男友母亲的行为。

男友母亲的惊人举止

虽然打从心里难以接受男友母亲那种过度涉入的行为，但雪音一直以关心、体贴、热情来解释老人家的行为并自我安慰，毕竟一开始，她也对男友母亲的这种无微不至有着相当程度的好感。因此，不管男友母亲的"交代"有多琐碎，雪音也是尽可能地照做。衣服该怎么洗、怎么折，东西该怎么放，厨房、厨具该如何打理……

但就在一次意外提前回家时，雪音惊见男友母亲在家中翻箱倒柜，甚至还拿针偷偷刺破放在床头柜里的保险套……

"哎呀……原谅妈太鸡婆了。我想你年纪也不小了，说了，你们也不听。赶快生个小孩，你们也好定下来啊……"

✤ ✤ ✤

从精神科医师的角度，其实不难理解雪音的愤怒。

所谓的"妈宝儿"，他的人格特质很大程度有强烈的依赖倾向，如果合并有一位"共同依赖者"，那么当事人的状况通常会更隐晦而严重。

依据《精神疾病诊断和统计手册》第 5 版的描述，"依赖型人格障碍"（dependent personality disorder）的特质，是自成年初期阶段开始，出现一种广泛和过度地需要被关心且出现"顺服"和"过度黏人"的行为，并害怕分离。

而在以下的描述里，只要符合其中 5 项，就很有可能是

"依赖型人格障碍"。

1. 若没有他人的过度建议或再三保证,就难以做出日常生活的决定。

2. 需要他人来为自己大多数的生活领域承担责任。

3. 因为害怕失去支持或认可,难以对他人表示反对。

4. 难以自主实施新计划或做事(缺乏自信)。

5. 过度地求取他人的抚慰或支持,甚至为此愿意去做一些不愉快的事。

6. 由于夸张地害怕没有能力自我照顾,导致自己单独一人时,会感到不舒服或无助。

7. 当一段亲密关系结束时,会急于寻找另一段关系,作为关心或支持的资源。

8. 不切实际地专注于某种"被丢下来,需要自己照顾自己"的恐惧中。

由于在 8 项特性中仅需要符合 5 项,就很有可能是"依赖型人格障碍",因此排列组合可以高达 56 种,但多数这类人会给人一般所谓的"妈宝儿"形象。

虽然研究显示,依赖型人格和反社会型人格,是所有人格障碍里最不容易找到伴侣结婚的两种人格型态,但并非所有这类人格特质的男性都没办法吸引到异性，或者都是女方"瞎了眼"才会和这种男性结为伴侣。

不是暖男，而是无主见与依赖

就像雪音的男友，就因为有"过度地求取他人的抚慰或支持，甚至为此愿意去做一些不愉快的事"的特性，因此在和雪音交往的初期，会让人觉得他是个愿意付出的暖男，什么事都愿意去做，但实际上归根结底，那只是没有主见、过度依从他人所产生的假象。

再加上雪音男友的母亲有很强的操控性，以及男友"因为害怕失去支持或认可，难以对他人表示反对"的特性，就常常会勾起雪音"照顾他人"的母性，并在一心寻找"老实男"的心态下，更容易为男友的所有依赖行为做出更多正面的解释。雪音深陷在依赖关系里却不自知。

依赖型人格的前两个特性，都会给伴侣带来很大的负担。但在关系初期，它们会以一种截然不同的面目呈现。

像是在生活中的各种琐事，都先询问你，对于你的意见几乎照单全收。即使是私事，也都会与你分享，并对于你所提出的意见称赞不已，但这其实是另一种形式的生活依赖，而不是正常关系中彼此对等的交流和分享。

除了生活，也把沟通责任推给对方

更特别的是，这种单方向的交流，还会用一种更隐性的依赖模式让伴侣头痛不已。例如，依赖型人格不只将生活中的责任赖给对方，甚至还将沟通的责任也视为对方的责任。

实际中，常听到的说法就是："她认识我这么久了，应该知道我不喜欢这样啊，但她还是这样做了，那就表示她没想到要考虑我。我除了接受，还能怎样？"

因此，即使伴侣原本是采取一种开放的态度，希望依赖男可以自由表达意见和沟通想法，也会在这种"我以为他没有意见"的沉默螺旋里，不断地累积单方面的怨气，但另一半则处于完全无辜的状态下。

雪音成为男友母亲操控的延伸

依赖型人格的确切形成原因不明。近代精神分析、动物行为学都有各自的解释，通常认为和婴幼儿时期与成人的依附关系，内化为人格的过程中产生问题，才导致这种人格特质。但在我的实践经验上，我也看到很多父母的教养没什么问题，其他手足也都发展良好，但就只有当事人有明显依赖人格倾向的例子。

也有研究显示,遗传倾向可能高达八成。就像雪音男友,在经过详细会谈后会发现,他早逝的父亲就是另外一个很明显的依赖型人格。也正因为如此,雪音男友母亲的过度操控,不只实践在丈夫身上,更在丈夫过世后,变本加厉地转嫁到独子身上。

研究显示,依赖型人格在一般人口中,占 0.6%～2.5% 不等,通常女性的比例较多,但男性也不是没有,特别在某些父母较强势、倡导子女顺从的文化中,比例就会更高。

雪音男友的母亲,虽然并没有出现"和媳妇抢儿子"的现象,但真正的原因是,男友母亲已经和男友形成很强烈的"相互依赖"（codependent）,男友母亲对于男友更是已经达到全面操控的程度,所以雪音连"抢"的资格都没有,雪音反而成了男友母亲操控的延伸,所以才会出现"帮儿子追女友"的现象。

评估自己是不是"相互依赖者"

但这样的关系,最终还是会因为相互依赖者的过度操纵,而让当事人无法承受。

不过相较于其他类型的人格,特别是边缘型、自恋型和反社会型，依赖型人格比较有可能通过心理治疗得到改善。但是，**这种改善必须得先跨过两道"相互依赖"的关卡。**

在面对"相互依赖"的概念时，虽然如同雪音男友的例子一样，"妈宝"二字不是白叫的，很多周边的人，甚至包括妈宝男自己，都会将问题归咎到特定的亲人（通常是母亲）身上。

但实际的状况是，很多"啃老族"基本上是爸妈都啃，即使父母想要切断这样的依赖关系，但还是逃不过亲情的煎熬与不舍。

而这一点在伴侣、情人身上，也是一样的。

就像**面对病态渣男的黄金铁律一样**，"当断则断"永远**是最高指导原则**，但若有心想要协助或者不愿意放下这段感情，那么首先要注意的，就是自己到底是不是"相互依赖"的圈内人之一？

如果自省的结果是，发现自己也只是想要替代其他的人，成为"宠物"的唯一主人，那么基本上就是没有看清依赖男所表现的"百依百顺"，只是内在心理依赖的另一种面向。而你绝不可能将这样的依赖本质，改变成对外横眉冷对千夫指，转身对你充满绕指柔的男子汉。

在有了这样的觉悟之后，才能让自己不成为"相互依赖者"，也才有机会协助依赖型人格，开始尝试学习如何追回自信，拥有独立自主的人格。

评估自己是否想要"他应该要独立自主，但最好还是要乖乖听我话"

但这时的第二道关卡，就是依赖男的主要相互依赖者。由于这通常已经是数十年纠缠的关系了，当事人也不可能完全没感受到依赖男、啃老男、妈宝男所带来的各种负累，但大多数相互依赖者的愿望在根本上也很容易犯下前文所说的错误，那就是"他应该要能够独立自主，但最好还是要乖乖听我的话"的这种盲点。

而这就不是三言两语能解决的事了，通常需要通过专业的家族心理治疗或咨询，才可能慢慢解开这份纠结已久的病态关系。

但也只有如此，才能让依赖男有机会建立自信，让他相信自己有办法做出决定，并且定下未来的目标和方向。

虽然这最终会让"很乖、很亲密／黏"的"妈宝儿"不再绕着自己转，但也只有在这样对等而又各自独立的关系中，双方才能进行平等互惠的交流与分享，并且共同走完人生伴侣的路。

表演型病态人格

> 世界要围绕他们旋转；对感情极度不忠。

很少有这样的机会，在见到苦主之前，就对她的事略有耳闻。

水仙是某家医院的"外科之花"。虽然水仙不是明星、达人，但因为惊人的美貌，在网络上也小有名气。

"因为 H 医师说跟你很熟，所以我想你有可能知道内情，这才想来找你帮忙。"

但让我吃惊的，不是口罩遮掩不住的容貌、气质，也不是因为护理人员交头接耳，显然是在针对水仙近日在社会新闻上的绯闻；而是我其实只和 H 医师在某个研讨会交换过一次名片，竟然就让水仙有着"你和他很熟，应该会知道内情"

的想法。

严格说来，我也不是对水仙的男友 H 医师一无所知。除了近期沸沸扬扬的社会新闻之外，H 医师相貌英俊，家境富裕，爱买跑车，甚至有组了同好俱乐部等高调炫富的事迹，早就拥有足以和水仙相匹配的名气。

"是这样吗？我就知道……"在听完我说明自己真的和 H 医师没什么交情后，水仙苦笑着，表达出她的无奈与不意外。

网络上疯传的裸照

随着不断深入的会谈，水仙毫不避讳地直面发生在她身上的社会新闻，一件可以归类为"色情式复仇"的事件。

事件的起因是水仙一张专注地在笔记本电脑前打字的裸照，照片上头还大剌剌写着"这样子写论文，难怪升职无往不利啊"的水印标题。

随着照片在网络上疯传，水仙的生活也跌入谷底。

由于照片明显是男友拍摄的，水仙和 H 医师两人之间的情感纠葛，也随着水仙报案而被搬上台面。

顶着高学历女医生的光环，即使追求者众多但对爱情抱持戒心的水仙，总是对身边的异性保持客气而疏离的态度。一直到遇见 H 医师，她才终于放下心防。

"我原本担心他很花心,但在实际相处后,其实完全看不出他对环绕在身边的异性,有任何越轨的言语或举动。即使那些莺莺燕燕,搞不好还很乐意让他吃豆腐,但他也都只是像个开心果,在人群里逗人开心,没有其他不对劲的举动……"

也许水仙自己也有同样的困扰吧!她很快就认同 H 医师所说的,自己只是喜欢热闹,并没有想要拈花惹草的心情。

毕竟水仙自己也总是被认为,之所以没有男友是因为沉浸在众星拱月的满足感中,再加上 H 医师确实很懂得让她开心,因此两人进入热恋的消息很快地传遍各自的生活圈。

然而,两人之间的问题是从什么时候开始的呢?回想起来,半年前医院新年酒会的聚餐似乎是整个事件的引爆点。

❈ ❈ ❈

只要在聚会场合,永远是人群焦点的 H 医师,一如往常地被众人拱上舞台,但原本热闹开心的晚会,却在众人鼓噪下,气氛开始出现微妙转变。

"水仙,上啦!跳舞跳舞。夫唱,也要妇随啊。"

虽然舞技惊人，但始终低调、不愿上台的水仙，这次冲着男友面子，腼腆地上台独舞了一段。水仙美丽曼妙的身姿，惊艳全场。热烈的掌声，让水仙很是开心。

水仙以为自己应该替男友挣足了面子，但下台前的一瞥，赫然发现男友的脸色淡漠、铁青。男友完全没有因为女友的精彩表演，而表现出任何一丝一毫与有荣焉的快乐……

"我早该想到的……"水仙在很久之后，懊悔地说着。

两人的关系，从此急转直下。

计算机里惊人的秘密

水仙开始不时感受到男友有意无意的不屑与挑剔。她也不时地被男友怪罪，男友指责水仙喜欢花枝招展、引人注意，甚至认为水仙在工作上的成就，都是好色的男上司特别关注和提携的缘故，完全抹煞水仙自身努力的事实。

而水仙之所以主动要求和男友分手，是因为有一次水仙打算送修计算机，却在整理计算机资料时，发现了惊人的秘密。

"你知道吗？他竟然在我的计算机里安装木马程序，偷看我所有的邮件。他还用我的邮件，弄了一堆社交软件的账号。

他明知我完全不碰那些东西的。"

随着眼前看到的各种在线对话记录和上传的照片，水仙几乎快要崩溃。

各种私下自拍的美丽照片，却总是夹杂着一两张不堪为外人见的性感照。看得出来，照片有些是入浴时偷拍，有些是沉睡时或衣衫不整时偷拍。"想看更色的吗？你看不到哦。只有我男友 H 医师才能看……"

水仙终于明白，为何洁身自好的自己，近来开始会听到一些奇怪流言，像是她如何用美色求上位，还有某些网民信誓旦旦说她有一堆在线小王，是个表里不一的欲女……之后，就在水仙暴怒，和男友摊牌要求分手没多久，引爆社会新闻版面的裸照事件就发生了。

男友不仅当面矢口否认将照片流出，还辩解说网络上所有的账号都是水仙自己申请的。面对千夫所指的压力与百口莫辩的委屈，水仙连自杀的念头都有了。

非要成为众人眼中的焦点

虽然没能直接帮上水仙的忙，但其实从拼凑出来的只言片语，也可以看出水仙男友的某些特质，就是非要成为众人眼中的焦点，即使破坏女友形象，也要让自己成为炫耀的中心，以及无法忍受被女友抢去大家眼里的风采，这正是"表演型人格障碍"的常见表现。

依据《精神疾病诊断和统计手册》第 5 版的描述，"表演型人格障碍"（histrionic personality disorder），是自成年早期开始的一种广泛的行为模式，呈现出过度情绪化与寻求他人的注意的特征。只要符合以下各项内容中的 5 项，就很有可能是"表演型人格障碍"。

1. 当他不是众人关注的焦点时，会感到不舒服。
2. 时常以不恰当的性诱惑或性挑逗与他人交往。
3. 展现快速转变和肤浅表现的情绪。
4. 利用自己身体外观来吸引他人注意。
5. 说话风格不精确，并缺乏细节。
6. 情绪表达的特征是自我夸示、戏剧化和过度夸张。
7. 易受暗示（如易被他人或情境所影响）。
8. 自认为人际关系比实际更亲密。

很爱演

虽然可能表现的行为向度有很多，但这类人给人的一般印象就是"很爱演""夸张派"。

像水仙男友吹嘘自己和其他医师的熟识程度，就符合"自认为人际关系比实际更亲密"的描述，这一点也是为何我在对水仙说明我和她男友并无深交后，她会表示并不感到意外。因为男友早就不止一次地夸饰他和各方人脉的交情，也多次因为他人礼貌的拆穿而让水仙感到尴尬。

极端需要他人关注与认同

另外，由于表演型人格的两个重要特质，"情绪表达的待征是自我夸示、戏剧化和过度夸张"和"当他不是众人关注的焦点时，会感到不舒服"，他们会在言行上时常剑走偏锋，语不惊人死不休，说起话来，非常容易出现"总是""绝对"之类的形容词。

当你厌恶他们的时候，当然可以看出这种言语背后的扭曲和专断，但当关系还没遭到破坏时，戏剧男给人的感受就会是强烈的自信和笃定。

又因为戏剧男极端地需要他人的关注与认同，像水仙男友由于本身才华横溢、家境优渥，所以还能用正面、讨喜的方式获取关注，但多数戏剧男会不惜采用任何极端的手段来博取关注，就像水仙男友一旦发现众人的焦点已经不在他身上时，那种焦虑和愤怒就让他开始用各种充满恶意的角度，来看待自己的女友。

即使那不符合现实也无所谓，因为对戏剧男而言，他们的现实就是世界要围绕着他们旋转的自我中心剧本。

对感情极度不忠

表演型人格障碍也是所有人格障碍中，特别会将"性"与"外表"提出来，作为诊断准则的人格障碍。

所以，这类病态渣男通常被认为是"型男"，他们也很在意自己对异性的性吸引力。

几乎所有类型的人格障碍都会在亲密关系上产生问题，但不同于反社会型人格是践踏他人，边缘型人格是爱恨落差非常极端，自恋型人格是为证明自己而衍生出各种背叛爱情的戏码，表演型人格纯粹是需要他人的关注与肯定，就像所有的演员都会追求更大的舞台、更多的观众一样，他们可以在仍然热恋的状态下，为了寻求更多的热情和关注，而同时追求很多不同的异性。

这种极度不忠的特质，也很容易随着外在状态不同而演化出很多本质相同、形式各异的变化。

就像在水仙男友因为司法调查而被揭露的行为里，就发现他在开始对水仙完全不合理地由爱生恨之后，除了在网络上炮制一个虚拟的"淫荡版水仙"，借此通过"宣示战利品"的方式达到"成为焦点"的满足之外，他还四处找寻"红粉知己"控诉水仙的不忠，让自己变成虐心悲情恋爱剧里的男主角。

如同"无论是正面新闻还是负面新闻，只要有新闻就是好新闻"的概念一样，戏剧男到最后会惹得身边的关系支离破碎，常常也都是这种"如果没办法让人爱，那就让人恨。只要关注我，什么结果都可以"的心态所导致。

❈ ❈ ❈

表演型人格的成因，目前并没有定论，不过有基因研究显示，天生的基因影响达到五成以上。在调查研究中，他们也是 B 群人格[1]中最容易被发现"曾经离过婚"的一种人格障碍。这显示出他们不难进入婚姻，但也不容易维持婚姻。

---

[1] 人格障碍依据其描述性特质的相似性而分成三大组群：A 群包含偏执型、分裂样、分裂型人格障碍，这些人格障碍的行为、思想常常古怪或偏离常态；B 群包含反社会型、边缘型、表演型、自恋型人格障碍，他们的行为常让人看来充满戏剧性、情绪化或性挑逗；C 群则包含依赖型、强迫型、回避型人格障碍，这些人的表现常有明显焦虑倾向或容易害怕。

精神分析的理论虽然对表演型人格有着一套解释逻辑，认为每个人在早期成长阶段，如果教养者没能给出一致性足够高的照顾，或者成长阶段有创伤，那么就有可能形成个体需要随时追求高度的关注，以获取资源的倾向。

另一项调查则显示，表演型人格可能有 2/3 的比例同时存在着反社会型人格的倾向，虽然不必然会像标准反社会型人格那样容易出现暴力，但他们以自我为中心，视他人的权益、尊严为无物的特质，也会让表演型病态人格的行为给亲密伴侣带来很大的痛苦。

分手剧本

因此，在面对这种令人难堪的关系时，多数人会选择远离也就不难理解了。但是和病态渣男分手，很少有不受到创伤的，而和不同类型的病态渣男分手，差别也就只是身心灵的哪一部分受创较重而已。

在分手的过程中，表演型病态人格几乎会毫无悬念地创作一套属于他自己的剧本，然后表演给全世界看。那种纠缠扰人的程度，可能居于所有人格障碍之首。

我听过有人写血书控诉，并且在女方住家楼下号啕大哭；也见过网络开直播，哭哭啼啼或大声咒骂；更遇到过有人制造十几个假的社交账号，追踪女方所有的朋友，只为了用三人成虎的方式将女方抹黑成烂女人。

常成为成功的表演者

而对这类人的治疗也相当不容易。药物通常只能对各种症状做协助控制，以求改善当事人的临床痛苦，并进而使他的人际关系不那么受影响。

至于心理治疗的部分也相当困难，因为"*说话风格不精确，并缺乏细节*""*情绪表达倾向于自我夸示、戏剧化和过度夸张*"的特质，会让治疗中的会谈很难真正具有深度的进展。

比较可能有效的治疗方式，是所谓的"功能性分析治疗"，主要聚焦在如何磨合当事人在人际关系上的缺陷，想办法让他能够维系最基本的人际关系，或者让他还存在着的亲密关系不至于破碎崩坏、只有离异一途。

不过，拥有这类人格特质的人，其实只要自我功能还好，有很多都会成为相当成功的表演工作者，通常这时候也会有甘心做个永远的"小粉丝之一"的痴情女人，愿意忍受当个"隐形的女人"，并因此能够长期维持着和戏剧男的关系。但这样的亲密关系到底幸不幸福，很多时候也只能尊重当事人的选择了。

反社会型病态人格

> 很"贴心",但其实更接近"猎人对猎物习性的了如指掌",而不是温柔体贴。

- "你不认识我,不过没关系,我会给你机会。"
- "你很想被看见,对吧?但你的品位实在有问题。放心,我会纠正这一切的,你注定是我的人,那些毫无意义的抗拒,只是因为你太胆小了。"

看着检察官搜索后,在调查庭上提示的证据,筱莉打从心底觉得不寒而栗。男友日记中几近疯狂般的呓语,完全透露出他内心深处的疯狂。

"我这样做,真的是我的错吗?"

"我这样做，真的是我的错吗？"一时兴起，筱莉使用起最近很流行的交友软件。

筱莉无法否认自己确实渴望一段刻骨铭心的恋情，但也不能说自己不够小心，毕竟不只是通过社交软件认识了男友，自己还是花了一番时间和力气去打听男友身边的一切的，包括他的工作、家世、过去的爱情史和人际关系等，但谁知道即使如此滴水不漏，还是防不住这朵烂桃花。

一切都要从筱莉的爱犬小P开始说起。

❁ ❁ ❁

从大学时期开始收养，小P可以说就是筱莉的心灵支柱。虽然小P只是一只全黑的土狗，但讨喜、温驯的个性和筱莉很像。筱莉和小P几乎形影不离，小P的足迹就是筱莉的生活轨迹。

筱莉每次回到家的那句"妈妈回来了"，配合上小P摇着尾巴扑上来狂舔的身影，几乎是这几年来每天都会上演的温馨接送情。

即使筱莉也跟着朋友开始玩起社交软件，但因为有小P的陪伴，所以筱莉从不觉得寂寞，这也是筱莉在交男友时，除了一直能够冷静、慢慢观察外，不急着进入两人亲密关系的主要原因。

但遗憾的是，一个晴天霹雳的意外，打破了这个幸福的平衡。

❀ ❀ ❀

某天下午，筱莉突然接到大楼管理员的急电，"你家小狗出事了！可不可以赶快来××兽医院，医生说可能没救了……"

心急如焚的筱莉饱受煎熬。

小P一向受到社区居民的宠爱，所以当筱莉不在家时，小P就常待在管理员室或附近的社区，而乖巧的它也从不曾跑远。但那天不知为何鬼使神差，小P在管理员室门口追球时突然冲了出去，结果就被一辆重型摩托车撞倒。骑士头也不回地逃窜而去，监视器上也没能看清楚车牌号码。

"医生说已经尽力了。小P的颈椎骨折，四肢完全瘫痪，我该怎么办……"

崩溃狂哭的筱莉将这样的消息放到社交软件上，在一片安慰声中，筱莉却只觉得更加无助。不过，其中有一段简短的问候和建议,却像暴风雨中的明灯给了筱莉温暖和希望。

原本没太多互动的网友阿豪告诉筱莉,要买什么样子的水垫、该如何帮小狗翻身这些非常专业的建议,这才让筱莉注意到阿豪的网络照片里,有不少阿豪在宠物店工作以及与各种猫狗合照的身影。

❈ ❈ ❈

随着交流、互动变多,筱莉惊讶于阿豪居然如此贴心。阿豪常常在筱莉生活或工作上需要帮助时,给筱莉最需要的心灵或实际生活上的协助。

深入了解后,筱莉才发现阿豪的宠物店照片,只是他去打工时所留下的身影。阿豪的正职是某家私人公司的法务人员,从他不时的打卡记录,也可以看出他在各地从事免费法律咨询的服务,甚至筱莉还看过阿豪在知名女中演讲所得到的感谢状。

"这个不错哦!人挺帅,又贴心,如果考取律师执照,就不会只当个小小法务了吧?"筱莉的朋友揶揄着,但也透露出喜悦与祝福。

"阿豪哦?没听过他有什么女朋友啊!他来这边打工快两

年了，很难相信他只为了兴趣来兼职耶。那个手法啊，老练得很。后来我们遇到骨折的 case，第一个就想到找阿豪来帮忙。"

"两年吗……自己玩社交软件也才不到一年，看起来，阿豪不是那种靠宠物把妹的渣男。"

筱莉小心翼翼，也因为阿豪听起来无懈可击的过去而松了一口气。

"我是真的觉得自己会死掉！"

然而，如同铁律一般，渣男假面的保质期限，永远不够长。

筱莉和阿豪的关系很快开始败坏。最开始腐朽的征兆，是来自阿豪在性关系上不经意间流露出来的不尊重。

筱莉自问也不是古板的人，但阿豪在床笫之间愈来愈多的性虐待要求，逐渐让筱莉吃不消，但看着阿豪沉浸满足的样子，又让筱莉很难拒绝。只是没想到，后来阿豪竟然想对筱莉尝试"窒息式性爱"，此时筱莉爆发了。

"我是真的觉得自己会死掉！！"筱莉一边哭一边咳，她对阿豪大吼。

但男友却还是一派云淡风轻的态度,"你没真的死掉,而且,我也松手了啊……"

虽然生气,但在男友软磨硬泡的态度下,筱莉终究还是原谅了阿豪,而且之后的性爱也再度回复到早期鲜花、美酒,以浪漫为基调的模式里。

用女友名字欠下信用卡债务

只是渣男假面的崩坏,通常就是一条不归路。

就在一次应父母要求,打算用信用贷款,借一笔修缮老家的经费时,筱莉才被银行的授信单位告知一个晴天霹雳的消息。

"我有信用卡债务?我怎么都不知道?都是我的签名吗?我写给未婚夫的委托书?……"

再一次,筱莉看到阿豪那副天塌不惊、云淡风轻的嘴脸。

但这一次,还没来得及让阿豪再度施展他的水磨功夫,接下来一连串骇人听闻的事,随着警察进屋搜索、查扣阿豪所有的计算机和物品而不断爆发。

阿豪因为涉嫌在某个他曾去演讲过的女中厕所装设针孔

摄像机，而被警方大举搜查。随着计算机中各种不堪入目的照片、录像被发现，阿豪因为自鸣得意而留下的各种生活日记，也全被清查出来。

原来，美丽的筱莉早就是阿豪注视已久的猎物。

骇人的事实

确实，筱莉在认识阿豪之前使用社交软件并不到一年，但阿豪在更早之前，就已经偷偷跟踪筱莉达半年之久。也就是说，阿豪根本不需要通过网络，筱莉和小P的感情、生活中的各种琐碎小事，几乎全都在阿豪的掌握之中。

甚至小P的车祸，根本也就是阿豪所下的毒手。而阿豪之所以在宠物店打工，更多的原因是借着这样的工作，他才有机会去"欣赏"自己用各种手段凌虐、伤害过的小动物的惨状。

阿豪的法律系背景也根本是假造的。他靠着在高中毕业后就开始做印刷工所学到的技术，伪造了毕业证书，骗取到一家查证不严的小公司法务人员的工作，更借此累积履历，再加上他自学的法律知识，成功转职到知名的大公司；并且他因此而争取到机会，让他能够去心仪已久的女中演讲，让他有下手犯罪的机会。

✤ ✤ ✤

看着那一堆不堪入目的照片,筱莉被迫在其中指认自己。筱莉看着自己在完全不知情的状况下,在镜头下被捆绑成各种令人羞耻的姿态。

筱莉哭着破口大骂,要阿豪给自己一个解释。

- "是这些家伙太无聊了才对吧!他们没来之前,有谁觉得不对劲了吗?有谁掉一块肉了吗?有问题,也是他们过来搜查才搞出来的啊!"
- "你没兴趣,那我怎么办?这样不是两全其美?你睡你的,我爽我的,给你吃点药,你哪一次早上醒来不是神清气爽?"
- "也不过就是张纸!我说的都是正确的法律知识,不信你叫哪一个律师来跟我辩啊!我的演讲多受欢迎,你们知道吗?他们学到物超所值的东西,用一张感谢状给我,还不应该吗?"

这一回,筱莉终于清楚地看到,阿豪那张永远云淡风轻的脸,如何转变成狰狞、咆哮的魔鬼面孔。

完全难以令人相信的歪理,竟然就这样从阿豪的口中,脸不红气不喘地说出来了。

❈ ❈ ❈

依据《精神疾病诊断和统计手册》第5版的描述，在下述的特质中，只要存在3个以上，就很有可能是反社会型人格障碍。

> 1. 不能符合社会一般规范对守法的要求，一再做出会被逮捕的行为。
> 2. 狡诈虚伪，一再说谎，使用化名或为自己的利益、娱乐，而欺骗愚弄他人。
> 3. 做事冲动或无法事先做计划。
> 4. 易怒又好攻击，表现为一再打架或攻击他人身体。
> 5. 行事鲁莽，无视自己或他人的安全。
> 6. 无责任感，表现为一再无法维持长久的工作或信守财务上的义务。
> 7. 缺乏良心，也不会自责，表现为对伤害、虐待他人或偷窃他人财物觉得无所谓或将其合理化。

我们对反社会型人格的三个误解

一、认为具有反社会型人格倾向的人，一定看起来很像流氓，也必然是面目狰狞、好勇斗狠。

一个很容易存在的误会，就是认为具有反社会型人格倾向的人，一定看起来很像流氓，也必然是面目狰狞、好勇斗狠。但其实在所有诊断特质里，给人这种印象的行为特征，只不过就是七个条件中的第四条"易怒又好攻击，表现为一再打架或攻击他人身体"。

至于其他的特质，都可以用一种更隐性的方式来呈现。

像是阿豪从伪造大学文凭开始，他所有的工作收入几乎都是通过欺诈而来。这样的行为阿豪屡试不爽，就符合第一条"不能符合社会一般规范对守法的要求，一再做出会被逮捕的行为"。

阿豪只是"还没被逮捕"而已，但只要足够聪明，很多反社会型人格/心理变态者（psychopath）可以很长期地，如阿豪般逍遥法外。

另外，像是尝试完全不尊重伴侣的性爱方式，以及对于伴侣和其他所有受害者的感受丝毫不以为意，即是第五条"行事鲁莽，无视自己或他人的安全"，以及第七条"缺乏良心，也不会自责，表现为对伤害、虐待他人或偷窃他人财物觉得无所谓或将其合理化"的表现。

二、"他曾经这么贴心，怎么会是没有同理心的反社会型人格？"

但事实是，这类人的"贴心"，其实更接近"猎人对猎物习性的了如指掌"，而不是多数人所以为的心有灵犀或温柔体贴。

三、"反社会型人格的人不是都很鲁莽吗？他们怎么会这么沉得住气，去计划如何欺骗别人？"

人格障碍患者的"鲁莽"，在更多状况下显露出来的是"不在乎"，因为他们完全不在乎后果，也不在乎任何规范，他们只在乎自己。但只要是"自己在乎的"，他们就可以和普通人一样专注，一样懂得"放长线钓大鱼"。

由于这类人格障碍患者，以固定约 4% 的比例存在于社会之中，一旦遇上了，轻则在人际关系上遭受这类人的情感剥削，重则被卷入法律事件，往往数年都无法从心理变态者所制造的阴影中摆脱出来。

但是，面对这样的特殊病患，目前并没有绝对有效的治疗方法，因此及早辨识出这类人的存在，并尽可能地远离他们，成了目前被建议的最好处理方式。

可惜的是，即使最有经验的临床医疗人员，也会在初期被这类心理变态者轻易欺骗过去。只有观察他们过去长期的行为模式，或者实际与这类人长期相处，才能完整辨识出这类人格障碍患者。因此，辨识这类心理变态者要遵循以下四个原则。

四个原则，辨识出心理变态者

一、首先要相信并认知到心理变态/反社会型人格，确实存在于这个社会中。

由于"推己及人"是多数人际互动上不言自明的原则，我们太习惯于同情、拥有道德感，因此常常会用人性本善的方式，来诠释周遭人物的行为。

更何况眼前的这个人，曾经是如此地让自己心动，让自己相信，也许他就是自己等待已久的"真命天子"。如果是真爱，那自己不应该也多点儿信心？多点儿光明？不是说，只有自己内心是邪恶的，才会将对方也看成邪恶？不是说，只要用正能量来面对彼此，就会带出"善"的正向循环？

确实，人性"多数"是善的，这样的光明面也会映照出自己的真诚与美好，但事实是人间就会存在有 4% 的人，不能用这样的眼光来看待。

害人之心不可有，防人之心不可无，这不只是人生处世可靠的中庸之理，面对着即将被爱情冲昏头的自己，同样也是一句十分值得参考的谚语。

如果没有认知到这样的现实，或者在心里无法接受这样的状况，那么就会像筱莉那样不断自我说服、自我欺骗，"他应该不会这样吧？我这样想他，会不会太邪恶了？"甚至还因此对自己产生嫌恶感、罪恶感，这往往就是无法认清反社会型人格最重要的原因。

如果再加上对手是像阿豪这样懂得长期布线的渣男，要不被对方所捕获，更是一件困难的事，这也使得"随时保留一点戒心"的原则，就变得无比重要了。

二、不要太泛道德化地"隐恶扬善"。

多数反社会型人格都会操弄他人，运用各种谎言来合理化自己的行为，甚至会在情感上绑架受害者，让受害者替他隐瞒。

"当局者迷""不识庐山真面目，只缘身在此山中"，那是多数人耳熟能详的道理，就像是验算着自己写过的考卷，或者在家中搜寻失物的感觉一样，很多问题即使就在眼前，即使你在自己内心里千叮万嘱要小心注意，但我们的心眼就是会存在着天生的盲点。

- "他应该只是没注意吧？"
- "我真的太小心眼了？"
- "他的神色是如此地义愤笃定，可能真的是我太多疑了吧？"
- "知错能改，谁都有犯错的时候，难道他就不值得再多一次机会？"

……

表面上看起来，与人为善、反求诸已，理应是真心相待之下，彼此都该为对方付出的爱的代价。那也应该是顾全彼此的颜面，愿意贡献自己一分心力，努力修护两人关系的表现。但完全将这样的互动局限在两人世界里，闭口不与任何人谈论的结果，常常丧失第一时间让"旁观者清"的他人，协助自己早一步看清事实的机会。

而且，真正平衡的人生，本来就不该只有两人世界。愿意面对现实、长久经营的亲密关系，本来也该将彼此熟悉的各种"他者"，都放在这个重要的关系网络之中，包括彼此的家人、同事、好友……

但心理变态者很习惯反其道而行,在他有机会从实质上限制你的自由、封锁你的行动之前,他会早一步在你身边建立起层层的心理牢笼,不仅让你错失身边的人协助的机会,还更进一步在未来让你因此陷入孤立无援的境地。

因此,请改变"清官难断家务事"的错误概念,请明白那只是父权文化,试图将某些人(尤其是女性)断绝在本该与这个世界产生连结的人际公理之外的一种手段。两人之间的事,就是两个"你"之间的事,你有权利自己选择,你也有权利和任何你想咨询的人好好商量,不管那是亲人、好友,还是老师、专业人员,那都不是什么关系的背叛,反而是真正珍视这段关系,企图让这段关系更加美好时才会做的事。

三、是人的行为而不是人的言语,在定义一个人的人格。

心理变态者的专长之一,就是利用人的善性,配合熟练的谎言和层出不穷的高超社交手腕,来剥削与操控他人。

一般人在这个社会里所努力做的,通常是如何与社会和平共处、彼此共好,互相增进利益;但反社会型人格则完全相反,他们行为的最重要核心就是要破坏这个社会的既定规范,来单方面攫取自己的利益,甚至到最后与社会同归于尽也在所不惜。

所以,不断地在规范中找漏洞,找不到漏洞就打出漏洞,打不出漏洞就直接无视，当作它不存在，可以说是反社会型人格终生都在练习的游戏。

他们在自己的脑海中，早就想出了数不清的歪理，用各种诡辩之术，为自己找寻理由，建立各种让人"听起好像有理，但总觉得怪怪的"借口，为自己的行为开脱。

所以，要辨识出心理变态者的方式之一就是要理解，不管他们有多么冠冕堂皇的理由，我们最终要看的还是他们的实际作为，以及这些行为模式的最后是否"一定宣称善意，但每一个行为的后果都是其他人凄惨不已"。因为多变的是他们口中的说辞，但不变的是他们的行为一定会给身边的人带来伤害。

当同样的行为模式、同样类型的伤害不断出现时，我们要做的是无视言语，直面行为，并开始准备"保持距离，以策安全"的因应措施，这样才是面对心理变态者时最正确的事。

四、清楚的人际界限

几乎所有的人际关系，都会涉及界限（boundary）。

就如前文以与边缘型人格障碍的相处之道为例一样，通常精神科医师对于"正确的"的界限，并没有太多先入为主的观念。只要是经过深思熟虑，就算你选择了最古老的"三从四德"作为自己与另一半的界限，在尊重自由意志的前提下，也没有太多人能指责什么。

毕竟所谓的"好女人"的概念，甚至到"烂好人"的程度，也还是有相当多的人，因为遇到了非常速配的另一半而终生乐此不疲；甚至只要运气还行，身边没有太多"坏人"的话，很多讨好型性格的人，还会比想象中的更想继续用模糊界限的状态，通过接受他人的予取予求，作为维系人际关系的重要手段。

但是，这一切都要在知情同意、互相尊重的状态下合意产生才行。知情，意味着足够的坦诚；互相，意味着当事人会考虑彼此的立场。

因此，以上对"界限"的多元尊重，注定无法适用于与人格障碍患者的互动关系中，因为人格障碍患者本身就没有足够稳定的自我意象（self-image），又常常自以为是，所以根本就没办法达到足够的相互坦诚。人格障碍患者连面对自己时都难以坦诚，更遑论面对其他人了。

至于"互相尊重"，对于人格障碍患者就更是缘木求鱼了。我们怎么可能要求一个时常以自我为中心，无法通过同理心理解他人内在需求与立场的人，能够对另一半做出足够真诚的尊重呢？

因此，"清楚的人际界限"几乎可以说是和人格障碍患者互动时，必定被提出来，希望能完整执行的人际铁律。

但不同于面对边缘型人格障碍的起伏不定，清楚稳固的人际界限可以成为稳定关系的定锚点；也不同于面对自恋型人格障碍的妄自尊大，清楚稳固的人际界限，可以促使关系间产生一定程度的相互尊重；在面对反社会型人格的时候，"规则"的存在几乎就是对方刻意要打破的标靶，反社会型人格也会在关系的相当早期就不断地让你见识到，他如何多方地无视甚至挑战你的界限，而因此露出反社会倾向的马脚。

与这类心理变态者因为界限不明而纠缠不清，是与他们互动的大忌。但要划出清楚的界限，及早诱发出他的反社会倾向的做法，在现实中也要格外小心。

清楚而不拖泥带水地划出人际界限，除了是敏感度很高的反社会倾向的测试方式外，也是最有利的自我保护方式。但是，如果彼此已经有太多的牵扯，特别是对方已经很主观地自认为"投入很深"，而又是有暴力倾向的恐怖情人，那么太过断然地划清界限，则有可能带来潜在的暴力风险。

此时最好的方式是回到第二个原则，也就是不要隐瞒，要广泛地对外求助。多数人会觉得没面子、怕丢脸，因此可能不愿意多方求助，或者不好意思让更多人知道自己面临的困境。但这样的做法，实际上只是在饮鸩止渴。

不过即使已经求救了，但如果只是跟少数人求救，心理变态者往往会有自己的一套扭曲解释。他可能还会将那些你求助的"少数人"一起牵扯进来，让这些人也成为被攻击的目标。这时候，在看出"保留界限"面对反社会型人格就是不可能之后，如何准备分手就会是一个非常重要的议题，这部分内容我们之后也会再进一步地详细讨论。

❈ ❈ ❈

最后，我还是要再度强调，反社会型人格／心理变态的比例并不低，认知到、相信这样的人就是有可能出现在我们身边，是面对及预防被这类人伤害最重要的第一步。

他们经常戴着心智健全的面具（mask of sanity）来与一般人互动，但随时都有可能只为自己的喜乐而毫无责任感地伤害他人。对一般人来讲，足以约束自身、难以跨越的道德天堑，对他们来讲也只是一道一步可过的小水沟。

这也是为何他们所造成的伤害，往往经过长时间的治疗也难以恢复的原因，因为物质或有形事物的伤害或许还能修补，但对人性和道德的信心崩坏，可以说等于摧毁了我们和他人赖以建立亲密关系的重要基石。

偏执型病态人格

> 多疑与敌意；缺乏安全感与自信，总认为别人会剥削他们。

"我一定要告他！他根本是疯了！"

脸上青一块紫一块的风铃，在急诊室歇斯底里地哭喊。

急匆匆赶来的风铃爸妈一方面心疼女儿，另一方面却也满脸错愕。

原本表现得谨小慎微，对女儿还算体贴的男友，怎么会变成今天这副模样？

只有同样在床边关心风铃的好闺密才明白，冰冻三尺非一日之寒。

"他看起来真的很老实啊！"

风铃是系上研究所教授的助教。其实从某个角度看，风铃的男友多少可以算是风铃"倒追"过来的。至少在这段恋情开始时，朋友们没少这样取笑过风铃。

"可是，他看起来真的很老实啊！"

男友阿岩虽然和风铃同年，但他其实比风铃还小了一届。听说是大三那年被某些同学霸凌，阿岩的父母还因此特别让他转校、转系，之后才顺利毕业，考上风铃所在学校的研究所，因此阿岩晚了同龄的人一年才入学。

但阿岩入学后，似乎还没能从过去的阴影中走出来，总是表现得畏畏缩缩，还因此特别得到导师的关注。导师就安排大一届但同龄的风铃照看阿岩在研究所的学业。

"学姊，我这样是不是很糟？"
"我知道你只是不想骂我而已……"
"学姊，你还是去带别人好了，我真的就是朽木……"

也许是勾起了风铃的母性，也许是日久生情，风铃对阿岩的耐心和温柔，不只让阿岩重新站稳脚步，也让他增强了自信。

"不可能的，学姊怎么会喜欢我呢？一定是那些人在骗我，想让我丢脸……"就在风铃"倒追"阿岩的悄悄话随着两人形影不离不胫而走时，风铃偶然在教室旁偏僻的楼梯间，听到来回踱步的阿岩不停地在喃喃自语。

一方面心疼另一方面也觉得好气又好笑的风铃，只好一把拉住阿岩，直接展开"女追男，隔层纱"的恋情。

两人的关系急速升温。有主见的风铃，配上老是"三思而后行"的阿岩，在甜蜜恋情的滋润下，很快就推进到一起在校外租屋同住的程度。

风铃甚至还拉着阿岩和自己的父母见面。风铃大方地在父母和阿岩面前提出打算校外同居的计划，不但打消了阿岩原本瞻前顾后、犹豫不决的顾虑，也让阿岩见识到风铃父母对女儿的无条件支持。

然而，所有的问题就在两人共同生活在一个屋檐下后开始出现。

✿ ✿ ✿

风铃熟知男友畏畏缩缩的个性。虽然作为一个现代女性，风铃知道自己可以主动，但也没有急着和男友发生亲密关系。

不过，当风铃和阿岩看着自己精心布置的小窝，在笑闹庆祝之余，还喝掉朋友带来的整瓶甜酒，他们顺理成章地用激烈的性爱，掀开了同居生活的第一页。

放假日的隔天清晨，阿岩明显比风铃早起，但阿岩郁郁的脸色，让风铃不由得追问起来。

"嗯……学姊，你也不是很爱运动吧……"一直没改口的称谓，这回却找不到过去常有的那份言谈间的甜蜜。

"也不一定是运动，没什么啦……"

禁不住风铃不断追问，阿岩坦承了自己的想法。

原来他俩的第一次亲密关系，风铃并没有出现处女膜流血的现象。这一点，风铃当然很清楚，因为她在大学就交过男友，并且也很清楚地告诉过阿岩，自己和当时的男友曾经一度论及婚嫁，只是后来仍不幸分手。

"可是，你就是没说。我怎么知道你的交往就是这样交的？"色厉内荏的阿岩，几乎在第一时间就触及到了风铃的逆鳞。

"这是什么时代了，而且那早就是过去的事情，我也跟他说过好多次了！"对着闺密抱怨的风铃，一边哭一边嘶吼。

虽然风铃心中很不平，但两人的关系毕竟也不是一朝一夕的事情，而且阿岩再度回到了谨小慎微的态度。阿岩低着头，仿佛不敢再面对风铃似的表情，让风铃选择和阿岩重修旧好。

争执的导火线

然而，可能正是因为这样一次关系中的裂痕，风铃开始用另一种角度回头审视自己对阿岩行为的解读，并重新观察阿岩的所作所为。

随着生活中的各种细节被发掘，风铃无法置信地发现，自己的机车竟然被阿岩偷装GPS。风铃的行事历被翻阅，计算机被装了键盘监听程序，连电子邮件信箱、学校账号，都有被阿岩私下登录的痕迹……

而让风铃最后和男友大吵的导火线，是风铃应教授的要求出席学长出国进修前的欢送会。当晚也只不过比约定时间稍微晚20分钟回家，阿岩就冲进教授的研究室大吵大闹，让风铃面子全失不说，更在回家后强脱风铃的内裤，说要"闻闻看有没有男人的味道"。

"天哪……原来我每天只要晚点回家，他都会偷拿我脱下来的内裤去闻，甚至还有几件，我以为是弄丢了的，结果是他留下来要'保存证据'，做比对用的。"

愤怒至极的风铃当下就夺门而出，但男友不仅没有承认自己的错误，还因为风铃的举动认定那就是风铃在外面"另有爱巢"的证据，不然"不可能这么晚了，什么东西都不带就敢出去……"

拉扯之际，阿岩出手殴打了风铃。

❁ ❁ ❁

"他们都在欺骗我、利用我。"

"他们都在背后算计我。"

"你一定是教授派来监管我的。"

"我要反击，这个污辱别想叫我吞下去……"

在警察护送阿岩就医时，风铃在泪眼婆娑间看到的是阿岩哭喊着充满愤恨的眼神，那样的影像是如此地熟悉。对了，那不就和初见面时，那个"受伤""被霸凌"的阿岩所表现出来的行为几乎一模一样吗？

其实阿岩的表现，那种极端多疑的人格特质，有很大部分与偏执型人格相近。

依据《精神疾病诊断和统计手册》第 5 版的描述，下述的特殊人格模式中，只要存在其中 4 项或以上的特质，就很有可能是偏执型人格。

1. 在没有充分理由的情况下，怀疑他人在剥削、伤害或欺骗自己。

2. 不合理、没道理地怀疑身边人的忠诚，并沉浸在这样的想法里。

3. 因为莫须有的恐惧，认为和自己有关的资料会被利用，而拒绝相信他人。

4. 将善意的话语或事件，视为其中隐含着对自己的贬低或威胁。

5. 长久地心怀怨怼。例如，不能原谅他人的轻视、侮辱或伤害。

6. 即使在他人看来并不明确，但仍然感觉他人在打击自己的人格或名誉，并且快速地做出愤怒的应对或反击。

7. 尽管没有证据，还是对配偶或伴侣的忠贞表示反复的猜疑。

基本上，这种人格障碍的核心特质是多疑与敌意。虽然这样的表现，似乎与其他同时有着严重情绪变化的人格障碍十分相似，但在多疑的本质起源上却有很大的不同。

◇像时常在"全好"与"全坏"之间摆荡的边缘型人格，他们的多疑是产生在两个极端之间。从原本的完全信任，往另一个极端推进，从而产生了极度的不信任。

◇而自恋型人格呢？由于一直处于严重的妄自尊大中，当现实无法和那份自尊兼容时，自恋型人格就会把那样的挫折完全投射到四周所有人身上，并因此认定一切的问题都是他人对自己的嫉妒所衍生出来的结果，所以才会对他人充满了怀疑和敌意。

◇而偏执型人格的多疑，其背后真正展现的是当事人对自己缺乏安全感与自信。他们的自我意象基调是"脆弱"与"不足"。因为脆弱，所以对于受伤有超过现实的恐惧；因为自认不足，所以对周遭的善意或者至少是中性的讯息，仍然主观地截取可能对自己有伤害的假设，并将这样的假设认定为事实。

自我实现的预言

他们最常面对的，就是所谓的"自我实现的预言"。这类行为的特征就是自己先入为主地做特定认定，结果这个认定就影响了自己的行为，扭曲了自己的认知，最后反而是自己的认知与行为，将现实改造成跟自己内在的预言一致的样子。

就像阿岩，风铃对他一直都只有关怀，正是阿岩片面的认定，导致风铃最后不得不选择离开他；并不是阿岩成功地预言了风铃的离去，而是他认定风铃会离去，之后衍生的偏差行为导致风铃不得不走上离开的道路。

容易对偏执型人格存在善意的解读及美化

近 20 年来，对于偏执型人格的研究显示，他们在人口中约占 1.7%，而且以男性居多。另外，也不容易在他们身上找到过去就医的记录。他们在就医排名上，不像边缘型人格那样高居就诊的第一位，而是在十种人格障碍中排名第六。

偏执型人格在以怪异、特立独行为特征的 A 群人格障碍中，被诊断出来的平均年龄要比其他人格障碍者稍大。

也就是说，在较早的青少年时期，他们的问题相对不会太显眼；但在亲密关系上，独居、单身、离婚的比例，与其他人格障碍比较起来都算多的。造成这种结果的主要原因，与他们内在累积的长期不信任感、设想别人经常想剥削他们有关。

正因为有这样的想法，使得他们从一开始就很难和身边的人产生更深入的人际关系与彼此之间的信任，外显在表现上，人就容易变得孤僻。

通常，这样的男性若仍然能与异性形成亲密的关系，除了当事人可能因为行为偏差得还不算严重外，也可能是因为外界对于他的行为成因产生太多"善意"的解读所致。

例如风铃，她一开始就把男友阿岩的离群与多疑解释为"被霸凌"的结果，但事实是，这些行为有很大一部分是根源自阿岩内在的行为偏差，甚至我们还可以大胆猜测，所谓的"被霸凌"或许都只是阿岩的一面之词。真正的起源，有可能是阿岩偏执个性下所投射出来的某种"被害意念"，但都被阿岩单方面地给合理化了。

另一种常见的"美化"，就是将当事人的小心翼翼解读成"他很在乎我"，然而，这种行为背后真正的原因其实是明显的不信任。

在这种状况下，如果还是期待能够改变偏执男，或者就算不改变他，也还希望能够和他维持稳定的关系，那么所要面对的第一道关卡就是，如何与当事人形成一定程度的联盟（alliance）。因为只有如此，才有机会在建立起足够的信任关系后，进一步改变他对外界或者至少是对亲密另一半的扭曲认知。

一定程度的忍耐与"非反击"应对方式

首先要有的心理准备是，当事人会不分青红皂白，将你的行为往"占便宜""打算伤害我""一定在骗我"的方向做解读。所以，一定要理解：任何形式的"批评"对偏执男来说几乎只会带来负面的结果，并且引发后续的退缩或敌意。因此，一定程度的忍耐与"非反击"（non-retaliation）的应对方式是必需的。

你需要理解的是，偏执狂内在的本质是严重的不安全感，而不是对你的否定与质疑，因此如前所述，过度善意的解释固然会蒙蔽自己的双眼，导致看不清偏执男的行为本质，但反射性的反击和直觉式的恶意解释，最终也只会导致关系破裂。

另外，由于和偏执男的相处难免会"殃及无辜"地将周遭的人也都拖下水，所以最佳的方式是借由专业治疗师的协助，将"他者"的存在寄托在治疗师的身上。

毕竟，旁人就算有心成全或协助你改善和偏执男的关系，通常也没有那么大的力气去包容偏执男的行为，直到他产生足够的改善。

但即使是专家，也还是需要当事人最重要的亲密伴侣的配合，包括事先就规划得很清楚的治疗、会面时间（避免不确定性，这会诱发偏执男的怀疑），还有所有共享的当事人信息，都要很清楚地界定信息的内容和来源。

例如，如果数天前两人曾产生过争吵，那么一定要事先说明"自己打算和旁人提及这样的事件"，然后如前所述，以足够的包容、忍耐，避免任何反射式、具有反击意味的批评式沟通。像是即使你认定对方的指控子虚乌有，也不要以"你这根本就是乱想"来做回应，而是以"我知道你是在担心我，但我确实没有做那样的事"来做回应。

然后，在达到彼此的认可后，再来与两人之外的第三人（最好是专业治疗者）一起讨论对重大生活事件的感受，并改变偏执男的错误解读，建立起比较中性而符合现实的解释方式，这样才有可能让偏执男在亲密关系中建立起比较正向的循环，从而避免过去造成关系破坏的"自我实现的预言"，再一次出现在两人之间。

强迫型病态人格

> 专注于秩序、完美主义，以及在心智上、人与人之间要求绝对的掌控感。

"原来都这个年代了，还有相个亲就随便结婚的事哦！"

社工努力想着如何帮助眼前这位家暴的受害者，同时内心也充满惊诧，原来社会给大龄女子的结婚压力，竟可以让薇儿这样的高级知识分子，陷入带给她无比痛苦的急就章式婚姻。

"其实，就我的观察来看，薇儿最大的痛苦，不只是在婚姻路上遇到长期情绪冷暴力的丈夫；更重要的是她现在的处境，也很难让身边的亲友理解她的痛苦，这就让薇儿哑巴吃黄连，有苦说不出。"

❀ ❀ ❀

确实，在众人眼中极端守规矩的丈夫康博，既没有外遇，还事业有成，无论如何也不可能被认为是这段破碎婚姻的始作俑者。

薇儿是中学教师，从小乖巧地顺着父母安排，成为收入稳定、人人称羡的公务员。但也正是因为循规蹈矩，从来没有花费心思与异性接触，所以到后来只能接受长辈善意的相亲安排。

第一次见到康博，康博拘谨的举止和表情，完全符合薇儿自小到大被灌输的"好男人"形象。

大家都对康博有正面的评价。当康博与薇儿约会时，康博从不迟到，也一定先说好要去的地点……

这也是康博仿佛按部就班，在三个月期间完整交代自己的身家背景，也问清薇儿的家世细节之后，就顺理成章地提出结婚要求，而薇儿也顺理成章地点头答应的原因。

然而，康博的问题在蜜月旅行期间，就像纸包不住火般爆发出来。

全盘精准地掌控所有的细节

"你们这些人到底有没有公德心啊？都说好了十点半要集合，现在是什么时候了！"

薇儿错愕地看着发飙中的新婚丈夫。

其实那一对年轻的情侣团员，也只不过晚到了两分钟，但丈夫就铁青着脸，站在游览车的车门前，对着气喘吁吁跑过来的两人破口大骂。

急着打圆场的领队赶忙拉康博到一边解释，没想到反倒引起丈夫更大的怒火。

"什么叫时间没那么紧？什么叫导游规定的时间有提前量可以避免迟到？他们有没有想过，这不就等于说本来还有多余的时间可以让大家好好逛，但就因为有人迟到，所以就把时间缩短了？为什么守规矩的人要承担这些？那这样的话，我还能信任你们是诚实报团费的吗……"

康博连珠炮般的质问，不只让整团本来相当愉快的气氛掉到谷底，更是让薇儿今天才认识到，原来丈夫先前无微不至安排所有的婚礼细节和蜜月旅行的行程，并不是因为体贴，而是为了全盘精准地掌控所有的细节。

而这种行为模式，从此渗进两人日后生活的每一条缝隙。

家务要求百分百整齐、清洁

即使薇儿是职业妇女，但先生认定女性就该做家务，而且还将他那种龟毛的个性，例如家中摆设必须百分百整齐、清洁的要求，完全压在薇儿身上。

那种传说中军队里才有的内务要求，就这样在薇儿家里被百分之百地奉行。

不能有一点儿水垢的卫浴设备，一定要用手洗的贴身衣物，绝对要熨烫平整的衬衫衣裤，一定要跪着用抹布擦"才会干净"的地板……

"不然家里的开销就由你负责，换我在家里维持家务。行有余力，才可以去外面工作，这不是天经地义的事吗？"

看着丈夫说得理直气壮，薪水、职位都比丈夫低的薇儿，似乎也只能忍气吞声，才能保住自己那份努力多年才获得的工作机会。

"没关系啦！他不是都把薪水拿出来给你了吗？这样的

男人不多了啦！"同事安慰薇儿。

抑郁与恐慌发作

但让薇儿喘不过气的是，丈夫名义上将薪水都存入两人的联名户头，当然他也要求薇儿必须照做，而且薇儿不但需要交出自己所赚的钱，还要将每一份收支都列出明细清单，像在做财务报表。

所有的花费也都要两人一起去商讨"必要性"，虽说表面上是"两人商讨"，但实际上丈夫却永远有一套大道理，坚持他对"必要性"开支的判断才是正确的。

在这样的生活压力下，薇儿并发了抑郁与恐慌的症状，但这样的身心俱疲竟然完全得不到丈夫的谅解，甚至还不断地被指责"意志力太差、抗压性太低、爱胡思乱想、不知足才会这样……"

烧炭，企图自杀

最后的引爆点，是薇儿娘家的传统产业小工厂出了一些资金周转上的难题，薇儿想要拿出自己在婚前存储许久的私房钱帮助爸妈渡过难关，却在被丈夫获悉后，换来他惊天的怒气爆发。

- "你怎么可以这样骗人？这是背叛！什么这是你婚前存的？我把婚前的钱都另外存下来了吗？"
- "要怎样？你哥是死人，是不是？家里有事，长子不是该负责的吗？你都嫁过来了。我姐嫁出去，我们家也从来没跟她要求什么啊！"

本来身心状况就不好的薇儿，在经历丈夫冲去娘家破口大骂，自己亲生父母被指责得无地自容，大哥更急忙要求薇儿不要再过问娘家的事情后，某天，她意外地旷工，选择了在家烧炭自杀。

❀ ❀ ❀

薇儿丈夫这种言必称"规矩"的行为，依据《精神疾病诊断和统计手册》第 5 版的描述，与"强迫型人格障碍"非常相近。

这种类型的人格特质自成年初期阶段开始，会广泛地在每一个领域的行为上呈现一种固定的模式。他们会专注于秩序、完美主义，以及在心智上、人与人之间要求绝对的掌控感，因此而牺牲掉弹性、开放性和效率。

只要符合以下4项或更多项内容，就有可能是"强迫型人格障碍"。

1. 过于专注细节、规则、清单、秩序、组织或行程表，反而失去活动的主要目的。

2. 显示出过于追求完美，因而妨碍任务的完成（例如，因无法符合他过度严苛的准则而无法完成计划）。

3. 过度热衷于工作和生产力，而排除掉休闲活动或友谊（非因明显的经济需求）。

4. 对道德、伦理或价值观过度严苛、一丝不苟，缺乏弹性（非因文化上或宗教上的认同）。

5. 即使已无情感价值，也无法抛弃破旧或无价值的物品。

6. 除非别人完全按照自己的意思来做，不然不愿将任务或工作分派给他人。

7. 对自己与他人都很吝啬；认为钱就是要存下来，以避免未来的大灾难。

8. 展现非常僵化、固执的态度。

很多时候，我们对于亲密关系的要求，常常会聚焦在忠诚的议题上，被一般人狂呼"渣男"的十有八九不是劈腿，就是欺骗。这种不管在心灵还是肉体关系上的不忠诚，都被公认为破坏亲密关系的罪魁祸首。

但实际上，亲密关系的真正重点，是维系一个彼此平等互惠、互助互补，而且能够共同成长、面对各种生命困境的双人连结。

很多时候，破坏关系的一方甚至不必动用到"不忠诚"这样的利器，只要在双方关系里不断地用冷暴力凌虐、剥削对方，就足以让这段亲密关系如堕地狱。

说得更直白一点，一个劈腿的渣男，如果有本事做到不为人知，其实当事人都还有可能生活在幸福快乐的感觉之中；但在亲密关系中，因为人格偏差而不断形成关系剥削，即使表面上他对这段关系仍然忠诚，但这样的"紧抓不放"对另一半所造成的伤害，只会更大、更久。

披上名为"专注、认真"的保护壳

强迫型人格在世界上的人口中大约占2%，他们在"最不会去医疗院所求助"的人格障碍中排名第二，而排名第一的当然就是不认为自己有问题，也不在乎有没有问题的反社会型人格。

这类人格特质问题的爆发，相对来说会比其他类型的人格障碍来得晚，因为这种人格障碍的核心表现，在感情上往往呈现压抑（不愿表达自身的感受），有完美主义倾向，对各种事件过度在意细节，高度理智，工作狂。

这些特质在成年早期，常常让他们披上一层名为"专注、认真"的保护壳，所以<u>强迫型人格的教育水平、收入水平，在所有人格障碍中都是相对较高的</u>。

所谓的"规矩"，就是"他自己定的"规矩

再加上这类人格的人际疏离，他们追求极度的掌控感，而这世上最好掌控的莫过于自己，因此他们很少欣赏他人的观点，也不需要和别人维持多么亲密的来往。于是，这种只有在很亲密互动的状况下，才有可能被发现问题的人格特质，就很容易秘而不宣。

就像薇儿丈夫的例子，在不知情的外人眼中，丈夫多年来累积的"守规矩、一丝不苟、认真工作、不容许犯错"的形象，让外人在直觉上无法接受婚姻关系中的冲突导火线，并非来自薇儿。

拥有这类人格特质的人，在婚姻状态中处于一种不上不下的位置。他们不像表演型人格容易有离婚的过去史，也

不像自恋型人格容易追求到另一半，结婚并形成伴侣关系，当然更不会像反社会型人格，很难对另一半许下共度一生的承诺。

拥有强迫型人格特质的男性，很容易在有着适婚压力的婚姻市场中，因为诸多外在条件还算符合"社会常规"而形成婚姻关系。

通常，亲密关系中的另一半往往要在经历长期关系剥削之后才开始领悟，原来强迫型人格所谓的"规矩"，就是"他自己定的"规矩。

他的"法律"之所以让他遵守得轻车熟路，原因只有一个，就是这套法律根本就是为他自己量身定做的，所以他做起来只会如行云流水，轻松惬意。

❋ ❋ ❋

在面对强迫型人格的另一半时，最重要的还是这种人格偏差的严重程度。如果偏差得不够严重，再加上他的"规矩"若还在社会价值和规范之下，那么也许有些比较"复古"或内心认同"三从四德"的女性，还能在将忍耐的美德发挥到极致的状态下，彼此相安无事地维持住这段关系。

但若女性无法放弃在亲密关系中追寻互惠平等地位的这

种需求，那么，重者，切断这份关系几乎是必然的选择；而轻者，找寻适当的伴侣咨询或鼓励当事人去接受心理治疗，从而改变对方在人际关系中因为人格问题而产生的种种痛苦，就是不得不做的建议。

让强迫型人格"放下规矩"

通常，对这类人格的治疗，初期会有一种急速好转的假象。因为面对某种角度上的权威，强迫型人格会因为过度理智化而企图做一个"好病患"。口头上，对各种"道理"点头如捣蒜，但很快他们就会绕着弯将这些道理，用自己的方法"再诠释"成符合自己单方面需求的"规矩"。

所以，身为这种人的伴侣，需要了解的是，"规矩"的对错根本不是人格行为偏差的重点，如果不断地陷入和当事人反复拉锯，期待用"更好的"规矩、"更有道理"的规矩、"更有人性、更尊重另一半"的规矩来改善当事人的话，最终也只能是缘木求鱼。

真正可能产生效果的治疗方向，是让当事人"放下规矩"，避免塑造出一种"权威形象"来和当事人相对抗。对人际关系使用一种更仁慈、和善的态度，让当事人慢慢地接受，原来这世上其实可以拥有各式各样的"不完美"。

我们欣赏强迫型人格的理智化，但最终要做的是让他慢慢接受情绪表达、情感连结的重要性。

以薇儿丈夫为例，要让他看到迟到的团员气喘吁吁赶来时，那份"希望弥补些什么"的心情；要让他看到薇儿在拿出私房钱时，背后那份对娘家有难因而对家人不舍、愿意付出的亲情。只有这样，才有可能让强迫型人格在亲密关系中，达到一个比较健康的平衡。

第二辑

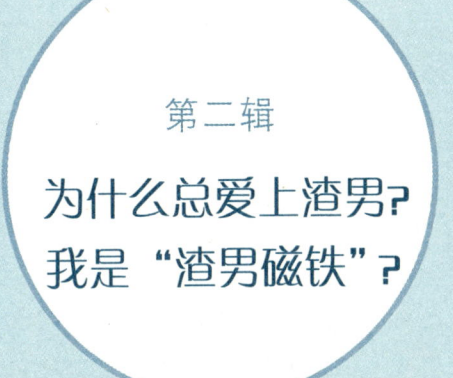

为什么总爱上渣男？我是"渣男磁铁"？

这世上光是反社会型人格，就占人口的 4%

> "我真的搞不懂这人怎么可以这么恶劣。医师，这个人是不是有病？"

亲密关系的不完美是常态

当我在诊室听到对渣男的控诉时，我最常听到的一句话就是："医生，他是不是有病？"

但是，让我们稍微抽离出来，用比较冷静的视角重新审视，其实亲密关系中的不完美，甚至男女之间的尔虞我诈，才是自古以来生命的常态。

很多动物行为学家会惊讶于鸟类的两性生态，竟然在很多面向上与人类如此相似。

从雄性鸟类汲汲营营地求偶，雌性鸟类小心翼翼地挑选伴侣，到双方努力合作，照顾后代，甚至到某些表面上看来一夫一妻制的鸟类，竟然也会出现雄鸟有外遇被"原配"发现时，"原配"疯狂攻击"小三"……这林林总总的画面，都让人觉得某些鸟类的夫妻关系，几乎与人类没有什么不同。

举例来说，宫斗小说或戏剧一度大行其道，一群女人在后宫用尽心机争宠，而收视率证明，这样的情节总是能勾起足够多人的关注和兴趣。

不过，小到民间的商业竞争、警匪之间的斗智，大到政治斗争、国家战争，那些形式有异但本质相同的斗争，在人类活动中本来就广泛存在，而且这种存在也不难理解。

但为什么在封建时代，女人们为了男人争得你死我活，却能超越其他种类的斗争让人产生高度共鸣呢？古代社会因为男女极端不平等，所以出嫁从夫、母以子贵，但现代社会的我们早已不是如此，我们却仍旧对这种情节万般感同身受，到底是为什么呢？

爱情，应该是一场男女混合而平等的集体马拉松，各自找寻彼此的第一名，不是吗？怎么最后变成男女多人混合双打的擂台赛了呢？私底下设陷阱、插眼肘击使绊子……无所不用其极也就罢了，为何这种类型的戏剧还让那么多人沉迷其中？而在所有悲剧里，最该死的难道不是那个优游于众女之间的渣男吗？为什么女性和女性之间的战争，反而引起了共鸣呢？

多年后，我在欧洲斑鹟身上找到了答案。

动物行为学——母鸟"抢夺生殖资源"，公鸟散播基因

欧洲斑鹟是一种很有趣的鸟。公鸟求偶，一定要先找到很棒的巢洞，然后才能吸引母鸟交配（是的，没房子的公鸟实在没什么吸引力）。

问题是，很有本事的公鸟会跨过其他公鸟的领地，另外再找一个巢洞，去勾引其他的母鸟。当然，这只公鸟要很强，飞得更远，找得到更多的食物，还要能够……有两栋房！

但有时候，两只母鸟总是会在空中相遇，那么这时通常会发生什么事呢？没错！诈欺在先的公鸟在旁边凉快，两只母鸟却大打出手！

这样的状况，在动物行为学上的解释认为，母鸟本能上在做的是"抢夺生殖资源"；而公鸟在做的，就是将基因最大化地散播出去。

其实，所有需要付出相当多资源养育下一代的物种都会有类似的行为，与雌雄的性别无关。也就是说，完全是由于基因内置的"资源争夺"行为在搞鬼。

为什么说与雌雄的性别无关呢？例如公海马与母海马。海马在结合和产卵后，并不是由母海马负担育儿的任务，而是公海马背着卵到处跑，乖乖地等着海马宝宝平安孵化。这时，动物学家清楚观察到，在"求偶"的过程中，"性致勃勃"的是母海马，比较谨慎、被追着到处跑的，反而是公海马。

所以，是公、是母并非关键，这就是生物内置必然存在的本能。

谈恋爱冲昏头，是本能驱动的资源分配与夺取

这类"基因内置"的东西，在人类的身上还有很多。例如，让医生们很头痛的一件事，就是"爱吃糖、爱吃高热量"这个内置功能。

人类确实有数万年的时间都处于没那么容易得到很多高热量食物、糖类食物的状态，所以很自然地"看到了，就拼命吃掉它"。但现在文明实在发达，多数人走几步路就会看见放满糖果、巧克力的便利商店，高热量的食物完全不虞匮乏，如果还依着基因内置的本能吃东西，现代人的惨剧就会发生，各种代谢类疾病将会不胜医治……

所以，多数的医疗专家都不断呼吁，在饮食上一定要理

智控制。过去"跟着感觉走",是人类和自然环境互动平衡的结果,而现在的环境早就不是当年那个自然环境了。

那么,男女在情爱关系上的混合作战呢?我们还要被局限在很传统、很野生的两性角色里吗?

现代社会真正该强调的,应该是让"资源"能够尽量地符合分配正义。不分性别、不分阶级,让社会上的资源能够稳定地流动分配,这样才不会让人类重新回到弱肉强食的原始规则中生存。

这样说起来,当然一点儿也不浪漫,但就像克制本能的食欲可以让人活得更健康一样,各种谈起恋爱时冲昏头的行为背后存在着的,都是各种本能驱动的资源分配与夺取。因此,以下的行为也就可以理解了。

- 为什么男人们一边大骂工具人,一边又拼了命当工具人?
- 为什么女人们一边觉得自己明明就是真爱,但别人总说自己嫌贫爱富?
- 为什么男女顺着"本能"驱动、最后开花结果的婚姻,却总是让人在生活中充满各种不满意?

认识内置的求偶本能

认识自己内置的求偶本能,再好好地用现代环境和理性调整它，绝对会是一件非常重要的工作。

当然，这样的兽性观点，似乎是在"暗示"所有的男人，也许在骨子里都有点儿"渣"，甚至也会让部分的女性觉得自己似乎被指责了，仿佛自己多少都该对"*被渣男拐走，负上责任*"。

但其实认识这种"天生邪恶"的存在，就像认知到"爱吃高热量食物的冲动"一定存在一样，并不是认为存在就可以被纵容，而*提醒自己，不要用自欺欺人的态度去安慰自己，"我一定不会这么倒霉，会碰到烂男人。"*

因为在这其中，无论人性、兽性，掠夺资源、信守约定……种种的行为，就像在鸟类和许多生物身上都能观察到的现象一样，所谓的"矛盾"，其实只存在于人类自己所建立的那套"解释系统"而已。

这世上有善良的人，也有恶意的人

"他怎么可以这么矛盾？说爱我，却又背叛我！"其实在这中间，最大的解释系统的谬误就是"圣洁爱情"的信念。

不管什么时代和什么文化环境，都有对"伟大"爱情的各种讴歌与赞美，通过不同形式却同样动人的艺术创作，将"爱情"的地位提高到人类灵魂的高尚道德层次。

如果详细去看历史，就会发现有很多现今脍炙人口的爱情故事，在古代的早期版本里根本不是那么一回事。

例如《白蛇传》，在宋代的版本里，白蛇精就是个爱吃年轻男子的妖怪，也没有产子、中状元的桥段，许仙更是被魅惑之后急着逃离的"鲁男子"。但到了明清时代，两人的爱情开始缠绵悱恻起来。本来救苦救难的法海和尚，被写成蟾蜍精，还专门拆散他人的好姻缘，最后白蛇更是靠着生了个状元儿子，得以平反。

几乎多数故事的重点都是在强调女性的贞节与付出，即使最著名的渣男故事《陈世美》，也是在明朝之后才出现，而且《陈世美》最后的重点还是在表彰贞洁烈妇，她最后终究得到了代表正义的包青天的协助与肯定。

然而，所有故事的症结点在于，难道女性含辛茹苦、忠贞节烈，最后就一定能换来好报？那样的故事真的是世间的常态，**还是写故事的人想要传达能够催眠女性的某种信仰？**

俗语说，一样米养百样人，人世间本来就是形形色色，有各种人格的存在，也更像是统计学所说的"常态分布"。

这世上一定有着非常善良、正直、对一切都无私奉献的圣人，但这也意味着，在天平的另一端自然也存在着极端恶意、惯于欺骗、对道德规范视若无物的反社会型坏蛋。

不是"为了你",是为了他自己

抱着追寻和拥有"完美爱情"的梦想,并且相信自己就是能够遇见那1%完美的对象,却忽略掉这世上光是反社会型人格就占了总人口的4%,这就是"我为什么老是遇见渣男"的重要原因之一。

那个"为了我",无视他人的霸气男子,那个"为了我",可以挥金如土的男子,那个"为了我",可以连工作都不管的男子……搞不好,就真的只是个可以动不动就无视他人、花钱如流水、不想工作就不去工作的无良男子而已。

而所谓的"为了我",充其量只是他顺手拿来使用,以增加你罪恶感的借口而已。

❈ ❈ ❈

这个社会,也许还不算真的很平等,但理应是一个让单身男人、单身女人都能以自己为中心好好独立活着的公平社会,至少那也该是社会中的每一分子都要努力前进的方向。

只有在这样的环境里站稳自己的位置,认识自己想成家背后的目的,认清自己与他人建立关系的互惠与平等的特质，而不是被各种美好幻想所自我蒙蔽，被内置的欲望与人性弱点所控制而不自知，那才是真正能够建立起可靠的亲密关系的第一步。

病态渣男缺少"同理心"及"亲密关系"等四种能力

> "所以,医生……我的男友/先生,真的就是个禽兽吗?"

很多时候,在听到动物行为学的观点后,难免有不少人对人性感到绝望。

确实,试图用比较"生物"的面向解读所谓的"两性战争",多少是希望人们能够认清,当你面对难堪的"现实",发掘出你从来不曾知道的"事实"之后,隐藏在人心深处赤裸裸的"真实",也就是所谓的兽性并不少,而且是相当实际的存在。

但人之所以可贵,正是因为他也时时刻刻一直在用独特的人性,努力地和内在的兽性相对抗。这也是我们没有办法否认的,另一个向度的真实。

绝大多数平凡人的日常是这样：相信自己不会遇到坏人，单纯地过着生活，谈几场心动的恋爱，承担几次伤心的分手……另外一些人呢？他们对于人性有着独特的敏感度，也可以理解人性的真实面，因此在众多缘分开始时，就适当地筛选到可以长久相伴的那一份情感，共度人生。

后者是很多人内心的期待，更是伤心人认为可以安慰破碎真心的内在良方。

但是，这世上从来没有可以完全洞悉人心的智慧。所有的"后见之明"只是"事后诸葛亮"，而多数的"先见之明"呢，充其量也只是更多的不信任、更多的小心翼翼而已。

"所以呢？一切都只是幸与不幸吗？我已经好小心了啊，但还是遇到了……"

积极投入爱情，但正视风险

虽然，"风险"应该就是这一切问题最核心的答案，但那并不表示我们对此完全无能为力。尤其是，如果我们不冒险将真心投入到一段关系中，就没有人能真正看到两人长期相处后，最终会形成什么样的互动型态。

在这种状况下，我们就更不可能用无限逃避风险的方式，冀望自己能够获得安全，除非我们完全不打算和另一个人建立亲密关系。

※ ※ ※

心理学家理查德·怀斯曼（Richard Wiseman）在他的著作《幸运人生的四大心理学法则》（*The Luck Factor*，2003）中提到，很多科学的实验和观察发现，多数人的"成功学"都是后见之明，也就是说，只有"事后解释人为什么成功"，完全没有"事前照着什么方法做，结果大成功"的例子。

但几乎所有成功者，都有着某种程度的"好运"。但这种好运并非有意识、用刻意的方法创造出来，而是由当事人无意识的行为模式所产生，其中关键点就是，"不要放弃投入，甚至积极投入，但尽量只接受可承担的风险。"

从事业的角度来说，成功者从不放弃接触各种机会，而且相信各种可能。他们会积极投入，但很少做惊天动地的大投资。那些记录在传记中的惊涛骇浪，都不是成功者事业获利的主要成分。绝大多数的成就，都是在平实而稳定的成长中累积而成，通过长期稳定获利来得到的。

你必须维持自己独立的人格

对爱情来说，也是如此。

守身如玉、小心翼翼并不会让你一定能闪过渣男，但必然会让你错失一段又一段存在着各种可能性的良缘。但愿意拓展关系，试图认识可以建立亲密关系的对象，也不意味着疯狂地下注就可以保证未来必定成功。

所谓"可承担"的风险，不只是要"有限度、设止损"地投入，还要尽力维持自己独立的人格。

此外，还意味着不要自我欺骗，要相信人性的光明与兽性的黑暗并存；在与另一半"共同投资"这段关系的过程中，要随时检视亲密关系中的互惠与交流，信息交换的对等与公平。

但是，有时候在"可承担的风险"之外，确实可能有一些"致命的风险"存在，这是绝对要在事先就尽全力避开的。

毅然决然的断舍离

或者说，当很不幸发现自己竟然陷入那样的风险时，毅然决然地断舍离，逃离陷阱，几乎可以说是面对这种可怕风险的不二法门，而这也正是我认为面对各种严重病态人格时的铁律。

- "医生，我真的觉得我的男友/先生有病，人的行为怎么可以这样离谱？"
- "我觉得一切就是你说的那样，而且他好像什么都有份儿！冷血得像反社会；自以为是的时候充满了自恋；装无辜的时候，戏剧化地欺骗所有人；坑人的时候，仿佛全世界都亏欠他似的死死赖着别人……"

在苦主理解这世上确实存在着这类"损人但又害己"的人格障碍之后，这样的抱怨是相当常见的。而其中的某些问题，到现在也还在困扰着精神科医师。

我们很清楚这世上少有完人，每个人的人格内在多多少少都有些缺陷。当对这个世界不满时，我们也会想"反社会"泄愤；对于自己的价值，也会有期待自己是世界的中心的自恋心态；面对身边重要的人和事，难免也有些"爱之欲其生，恶之欲其死"的极端行为……

这些小小的"疯狂"，是在压力之下情有可原的发泄，是多数人可以接受的偏差。

但令人不解的是，这样的偏差在某些人身上却可以离谱到无法自拔，最后不但害了自己，也无法与他人和平共处。

为了不要陷入"任意将人用精神异常给污名化"的错误里，现代精神医学在这方面设立了一个重要的原则，那就是：

任何的异常，必须强烈到造成个人临床上的严重痛苦，或是社会功能的明显损伤，才能够被认定为是一种"病态"。

也就是说，要么是当事人身受其害，要么有明确受害的"他人"，然后才足以认定问题确实存在。

不过，这在实际的生活里，离多数人的期待还有一段距离。毕竟大家希望的是能"料敌机先"，在给当事人造成伤害前就将这样的人给抓出来。然而实际情况却是，在这种人还没真的造成伤害之前，并没有办法事先"预防性地"将这样的人，完全隔绝在潜在受害者的人际关系之外。

❈ ❈ ❈

精神医学的另一个困境是，从20世纪80年代开始，据《精神疾病诊断与统计手册》分析出各种病态行为并认定3大类共10种人格障碍后，就发现好像愈严重的人格障碍，就愈有可能符合不止一种以上的病态描述。

这会造成很多严重的人格病态，分布在不同类型的人格障碍中。这在预后[①]的分析预测以及应对方案的研究上，很容易产生分歧。

---

① 医学上指根据经验预测的疾病发展情况。

那么，究竟有没有更好的方法检视人格特质中的重要部分，从而让我们能够更好地在临床实务上做到侦测、分类，甚至处理相关的人格障碍问题呢？

针对这一点，从20世纪80年代之后，心理学家和精神科医师们一直都在不断努力。2013年，美国精神医学会综合过去的研究，提出"人格功能阶层"（level of personality functioning scale）的概念，并将它放进目前最新的诊断标准的未来参考方向中。也就是说，虽然在正式诊断上还没采用，但让临床医师用这样的概念尝试去做病态人格的分类和进一步的检视。

这几年来，根据我所使用的结果，我发现它确实是一个相当实用的方向，可以将问题聚焦在人格特质中几个相当重要的功能向度。也就是说，除了正式诊断、给予标签之外，还能够更直接面对"产生问题"的症结点。这不止在帮助当事人时可以产生更直接的效果，也可以帮助当事人身边的关系人，厘清人际互动中问题产生的根源。

"人格功能阶层"将人格的功能向度分为四个部分，分别是认同（identity）、自我指引（self-direction）、同理心（empathy）和亲密关系（intimacy）。其中，"认同"与"自我指引"是个人内在的重要功能，而"同理心"与"亲密关系"则是个人在人际关系上的能力。

第二辑　为什么总爱上渣男？我是"渣男磁铁"？

一、认同

此处所谓的认同，指的是"经验到自身的独一性，在自己和他人之间有着清楚的界限；稳定的自尊以及准确的自我评价；在情绪经验上，有相当的包容力和调整的能力"。

所谓的"独一性"（unique）不完全是独立或者独特。每一个人都可以，也必须是独一无二的，不是任何人可以替代的存在。

他可能没办法完全独立，例如一个孩子就难免需要依赖他人，但他不能因此就被当成一个"附件"。同样地，他也不需要多独特。很多时候，我们也只是芸芸众生之一，虽然平凡、不特殊，但不会因此就被剥夺属于自己的存在价值。

而只有个体的独一性被自己清楚确认了，才能凭此跟他人之间分好界限。而人格障碍就会在这里，产生各种不同型态的错乱。

◇反社会型人格会将自己的独一性曲解为"排他"，因此他就是世界的中心，所以他可以任意地宰制、忽视别人的存在，侵犯他人的权益。

◇自恋型人格的问题在于将独一性曲解为"独尊"，而且这种独尊的状态显然凌驾于他人之上。他就是这个世界的中心，而这个世界必须要崇拜他、爱他，他也因此可以为所欲为。

◇依赖型人格会抹煞自己的独一性，将其扭曲成"孤独"，因此他需要完全依附在某个人身上，从此模糊自己与他人的界限，要求他人完全地为成为寄生虫的自己负责，并将一切的问题都怪罪在他人身上。

◇妄想型人格虽然有相当独一的自我认同，但却完全误解他人对这份独一性的解读。他认定他人对自己的所作所为必然另有目的，认定人我之间的界限必然会受到他人的侵犯。

◇边缘型人格有时认为自己既独特又重要，但有时又觉得自己孤单无助到必须完全黏附在他者身上。

❈ ❈ ❈

由于自我认同存在这样的错乱，也就很难有稳定的自尊和正确的自我评价。

反社会型人格的目中无人、边缘型人格的起落不定、妄想型人格的怀疑一切、自恋型人格的唯我独尊、依赖型人格的妈宝怯懦、强迫型人格的绝对规范……当一个人对自我的定位明显偏离现实，所有因此衍生的对外行为都会由于错误的评价而扭曲。

而这一切，当映射在情绪控制上而产生问题时，要不就是情绪容量有限，动不动就因为一些小刺激被无端放大，产生很大的情绪波动；要不然就是因为自我情绪调节能力的失控，导致各种离谱的过度反应。

二、自我指引

人格会自动将个体的行为导往固定的模式和方向，我们常常借此"感觉"出他人的行为模式。

最常挂在我们嘴上的，就是对某些熟识的人提出"他这人啊，说这些话，做这些事，就是他的本性"这类的评价，这就是某种对他人很本能式的人格描述。

这种人格的自我指引，即是"追寻一致而有意义的短期生活目标；在行为上采用有建设性的、符合社会的内在标准；建设性自我反省的能力"。

✻ ✻ ✻

人只要活着，都有某种生活目标，不管自己有没有意识到目标的存在。人类在本质上是活在"此时此刻"（here and now）的生物，追寻长久缥缈的生命意义的人，反而是少数。

这部分在精神医学上并没有太多的价值判断，例如一个平凡的人，每天努力工作，即使他的目标只是"这个月拼全勤，想办法领到奖金"，都可以是一个"有意义的短期生活目标"。

但有些时候，人心会因为各种原因而迷失。抑郁症患者可能会因为疾病的影响，认为"一切都没有意义"，觉得生命充满空虚和没有目标。一般人则多数是受到外在的影响，例如运气很背的一天或一件被朋友出卖的事，有时就让内在的标准产生动摇，进而怀疑存在的意义。

但是，这些不管是发自内在的疾病，还是来自外部的打击，人类都有可能自我复原。再严重的，只要有好的帮助，也多半能让人回复到本来的模样，或者至少可以修复成另一个足以回到人生、再度面对生命的状态。

但人格障碍者不是。

"爱"只是欺骗的遮羞布

就像希斯·莱杰所扮演的经典电影《蝙蝠侠：黑暗骑士的崛起》中的小丑所说的台词："我就像是追着疾驶狂奔车子的狗，就算追到了，我也不知要做什么，但我就是会去做……"多数的人格障碍者都可以"讲"出一嘴的好"人生目标"，但只要详细观察他们的行为就可以发现，从"投资人生"的角度看，他们很少真的专注在他们自己所说的人生目标上，或者认真地珍惜身边的"他者"。

如果是狂热追求你的病态渣男，这样的"破绽"很容易被"因为我爱你"给遮掩住。他可以视道德规范如无物，"为了你"和全世界唱反调，放弃工作、视他人如草芥，只因为"他爱你"，却完全不提这一切都是他自己反社会倾向的结果。

他也可以告诉你，他身边曾经有过多少"好长官""好兄弟"，但后来他们全都背叛他了。他们都没有你那样地懂他、那样地理解他，"拥有你，他就拥有了全世界。"但却完全不提自己的边缘型倾向，是如何曲解身边所有人、伤害所有人的，并且拿你作为借口。

他们不是"为了你，放弃生命中重要的目标"，而是他们本来就没有足够稳定、一致的生命目标。

他们只是将"爱"作为自我辩解和欺骗的遮羞布，并借此顺便建立虚假的亲密关系，以方便剥削另一半而已。

三、同理心

同理心是人之所以为人的重要能力，甚至可以说是"人性"的核心之一。

即使是动物，只要它能对人类、对饲主表示出一定程度的"同理心"和爱，人类几乎也会毫不保留地将小宠物的地位，提升到"家人"的层次。

当听到你回家的脚步声，小狗就迫不及待地冲到门口迎接；当你心情不好的时候，它会变得安静，或者凑过来依偎你，给你温暖。"它好像理解我，然后有了那些对我好的行为"，这对任何主人来说，都是很正向且温暖的情感连结。

当然，同理心不会只是"懂我"这么简单。光同理心，内容就可以写一本书。但在人格功能阶层的定义里，只用了很简短且实用的语句来描写同理心："对他人经验与动机的领悟（comprehension）与赏识（appreciation）；容忍不同的观点；了解自己行为对他人的影响。"

这里的 comprehension 常常被翻译成"理解"，但实际上这里面的含义，要比 realize 更深层，所以我用"领悟"这样的名词，意味着与他人更深的一种同情共感。

一个帮孩子抢演唱会门票却失败的妈妈，气急败坏地破口大骂。这在直观上是让人厌烦的，但若愿意用更深层的角度体悟，感受到当事人是基于什么样的爱和情感才做这样的事，那么就可能达到更深层次的同理。

而 appreciation 的中性翻译是"评价"，但我们在表达感激时，也时常使用这个词，所以此处我用"赏识"来突显其正面意涵。

由于同理心的重要任务是要与他人形成有意义的连结，

所以如果无法在这样的连结里产生任何正面的意义，那么所谓的同理很多时候也可能会沦为"人性本恶"的解读。

如同之前提到的那个买不到票的妈妈，如果对于她的动机"评价"只停留在"因为失落而导致的愤怒与不理性的发泄"，那其实也就只流于表面了。

但若能更深层地去感受母亲没能说出口的动机，也许那个动机是想和孩子拉近距离，也许是她感受得到那张票对于孩子的重要性，所以才会有那种反应。那么，那种对动机的感受就可能深入到一定程度的"赏识"。通常，也必须要从这样的感受作为起点，才有可能去和这位气急败坏的妈妈做有意义的连结和对话。

病态渣男没有同理心，但会利用别人的同理心

同理心这样的能力，几乎所有的人格障碍者都缺乏。这也是多数人在承受人格障碍者的关系剥削时，最常也最早出现的痛苦抱怨之一："他完全地以自我为中心，完全不相信、不理会我的感受，根本就没有同理心。"

由于他们没有能力"站在别人的角度"想事情，所以一切的故事就都是他自身架构的"小剧场"的对外投影。

边缘型人格的受害者会很错愕地承受着炭冰交替般的感

受，惊觉明明都是自己，怎么之前可以是天使，现在却变成魔鬼；而自恋型人格的受虐伴侣，通常也只能被贬低为一文不值，仿佛过去热恋时的轻怜蜜爱，竟然都只是对方一时的施舍……

但这样的以自我为中心与没有同理心，同样可以在早期交往时，在"爱情"的假面具下，伪装得完美无瑕而找不出任何问题。而其中的一个关键原因是，病态渣男虽然没有同理心，但是他们却可以利用别人的同理心。

❈ ❈ ❈

"但是，一开始的时候，他真的很懂我，几乎生活中的所有贴心的事，他都做得超级完美！"

表面上看起来确实没错，但在这个故事的最后，现出原形的是一个被公认最没有同理心的反社会型病态人格。

就像之前所说，"懂我"只是具有同理心的一个很浅层的表现。猎人也一样很懂得他的猎物啊！猎物在哪里出没，爱吃什么饵食，什么时候睡，什么时候起，高明的猎人一样可以摸得清清楚楚。这哪里是同理心呢？但被爱情冲昏头脑的人，会不由自主地用各种正向的角度去理解和评价对方的动机，这就是"爱情是盲目的"这句话可以是千古至理的原因了。

四、亲密关系

亲密行为是人格功能向度在个人与他者之间关系的一个最重要的考量点，特别是在现代社会、网络时代，社交软件横行，很多人与人之间的连结相当肤浅，甚至是虚伪的。有越来越多的研究显示，社交软件会严重扭曲一个人的形象，我们会不由自主地过度散发正能量或负能量，通常以失控的正能量居多，美食、美景、阳光的自己或他人……

但是即使在这样的环境底下，人类仍然还是要回到现实中来，仍然要有一定程度的亲密关系才有办法作为社会生物的一分子活下去。

在鲁滨逊遇到土人"星期五"之前，我们不用思考他是什么人格，甚至如果他是凶残暴力的反社会型人格，说不定存活下去的机会还更大。但只要他需要和另一个他者形成同盟，而他却没有足够的人格魅力来和他人形成亲密关系的话，那么一切后续的发展就都不可能了。

病态渣男无法尊重他人

在人格功能阶层的定义里，对亲密关系的描述是："与他人的正向连结能够达到足够的深度和维持足够的时间；有建立亲近关系（closeness）的欲求和能力；在人际行为上反映出相互尊重的本质。"

所以，亲密关系包括但不限于爱情。多数人，包括多数的人格障碍者，都还是期待能和他人建立亲近的关系，虽然有某些特殊的人格特质，例如前文不曾提过的"畏避型人格障碍"，由于其特性就是极端地不愿，也无法与他人建立关系，因此他们很难和渣男沾上边。

但人格障碍者的问题是，正向连结的深度与维持都会产生问题，而且更重要的是，在人际行为上的相互尊重，这个必须建立在同理心和界限之上的能力，在人格障碍者身上，几乎是不可能的任务。

不过，短期的亲密关系并不是难事，尤其是表象上的"相互尊重"，可以借由爱情的掩护，以不同的型态暂时欺骗对方。

◇ 边缘型人格渣男绝对可以在恋爱初期，非常"尊重"对方。特别是当你的位置还处在"全好"的圣女地位时，你讲的话基本上就是圣旨。所有的动机都是天使对他的疼爱，他不可能不完全以你为天。

◇ 自恋型人格渣男同样不难在短期、初期时"尊重"另一半。但那种尊重，更像是圣王贤君体恤下人，是一种彰显自身高度的伟大表现。

◇ 表演型人格渣男的尊重，就更不难理解了。反正一切都是演戏，为了成为聚光灯下的中心，任何的屈就或听从，都只是这个名为"尊重对方"的桥段里必然要有的表演。

◇ 就连最不尊重他人的反社会型人格渣男，也可以暂时"尊重"对方。因为对于猎人而言，任何隐忍都不难做到，特别是当他有把握，接下来的好戏就是充满快感的杀戮行动时。

❋ ❋ ❋

另外，我想提醒很多人格障碍的当事人，各种研究显示，在童年发展期有很高的概率存在有某种关系障碍，特别是以儿童虐待居多。

而这样的事情，常会在病态渣男口中以一种"命运乖舛"的剧情出现，要不然就是重要的家庭关系人与渣男在实质上为"相互依赖者"，这就更容易让身陷爱情攻势的女性对病态渣男赋予过多的同情与怜悯。

从"受害者""迫害者""拯救者"
三种角色剖析病态渣男

> "为什么又是我?为什么总是我?真的是我做错了什么吗?……"

多数时候,治疗者会希望在爱情中受伤的当事人,能够尽早从亲密关系的伤害中恢复;也希望每一个受伤的人都能为自己赋能。毕竟检讨受害者,永远是最不需要去做的事,但确实有很多时候,我们会觉得所谓的"渣男磁铁"或许真的存在。

和一般人想象的不一样,多数人总以为性吸引力一定是病态渣男选取猎物的首要条件,但实际上呢?就像赖奕菁医师的书《好女人受的伤最重》所写的一样,很多时候,**最容易被欺负的往往就是所谓的"好"女人**。

女性被"好"所绑架

这里需要特别澄清，什么叫作"好"，这里的"好"又是怎样定义的。

国外的 YouTube 网站曾经做过一个实验，找一群 6～8 岁的小女生，让她们表演"女生是怎样跑步的"。这群天真的小女孩，几乎每一个人都毫不犹豫、自顾自地就原地跑起来。每一个人都用自己的方式，豪迈地摆动手脚，没有人对自己产生任何怀疑。

但镜头一转，改成一群 18 岁的少女，请她们表演"女生是怎么跑步的"。她们的反应几乎都是愣了一下，再思索了一会儿，然后带着点腼腆，开始扭扭捏捏用一种相对比较做作的方式，在原地"模仿着"女生跑步的样子，即使她们自己本来就是女生。

这些就体现了社会背景和文化因素的影响。

女性几乎不可能完全维持她"天生"该有的样子。女性在成长过程中，不断被各种文化教育和社会观点所改造。细看古代社会中的渣男故事，就会找到背后隐藏的文化和社会观点。

例如，古代的渣男代表陈世美，他的问题并不是他有一个以上的配偶，因为在古代三妻四妾根本就是很平常的事。

陈世美的问题是，为了追求名利，他不能让身份高贵的公主丧失"正宫妻子"的地位，但他早就有了正妻秦香莲，而且这位正妻还满足传统故事中"贤妻良母"形象的几乎所有桥段，那就是支持丈夫/情人上京赶考，自己苦守寒窑，侍奉公婆。

在整个故事里，女性求取公道的"正当性"几乎全都架构在"谨守妇道"上。

试问，在这样的社会氛围底下，有哪一个女性不会死命地追求贞节牌坊？而这样的土壤，也几乎坐实"每个男人都可以自在地当渣男"的绝佳环境。

那么走进现代呢？即使到了21世纪，我还是常常在诊室听到很多情侣为了结婚的各种大聘小聘伤脑筋，为了两人的姓氏和生肖八字问题起争执。

很多女性在潜意识底下，仍然被这一类的价值观所绑架。

性别不平等，助长病态渣男的出现

"请问，你这么成功，是如何兼顾事业和家庭的呢？"

这几乎是所有成功女性被新闻采访的必问问题。但请仔细想想，为何男性就不需要被问这样的问题？难道照顾家庭，就只是女性单方面的责任吗？那个苦守寒窑的王宝钏、侍奉公婆的秦香莲，真的从我们的心底除去了吗？

所以，照顾家庭是不对的？照顾家里的长辈是多余的？当然不是。真正的重点是亲密关系应该对等，在人格上互相理解和彼此尊重的前提下成立。

关系中的每一个面向都不是天经地义的，都不是"本来"就专属于某一方的义务。很多关系发生扭曲，当事人没注意到的是同时存在于两人心底深处的性别不平等，本身就已经是先天不良的土壤，不可能因单方面的血泪灌溉，就期待能结出良好的果实。

因此，我们要从两人之间的亲密关系模式，或者更精确地说，我们必须从每一段曾经或正在进行中的亲密关系，找出我们每个人自身的问题，找到每个人心中先天不良的信念，最后才有机会找出根本原因，找到自己会陷入和渣男纠结在一起的关系陷阱，这才有可能跳脱永劫轮回。

❉ ❉ ❉

关于亲密关系的互动，"卡普曼戏剧三角"（Karpman drama triangle）是一个很值得参考的概念。

史蒂芬·卡普曼（Stephen Karpman）是一位精神科医师，他也曾经是美国演艺公会的会员。热爱戏剧的他，接受另一位精神科医师，同时也是人际关系分析理论之父埃里克·伯恩（Eric Berne）的指导，将家庭理论中的互动、冲突以一种戏剧的观点，融入对关系中个别人格的观察，从而提出"戏剧三角"的概念。

其中一个很重要的理论是，"人生如戏"这句话的真实程度，远在我们的想象之上。

我们常常有意无意，在不同状态下掉进不同的人生"剧本"，并且扮演特定的角色。例如，面对权威时，我们不由自主地就将面对父母的角色拿出来用；面对比我们地位低的人呢，我们又会摇身一变，成为一个颐指气使的上位者。

这些都不能说是人格分裂或善变，而是同一个人格在不同剧本里，戴上了不同的面具而已。

在"卡普曼戏剧三角"中，三个端点分别站着三个不同的角色："受害者"（victim）、"拯救者"（rescuer）和"迫害者"（persecutor）。

●● **"受害者"：受害者最常见的内心小剧场的标准台词是："我怎么这么可悲、可怜！"**

受害者自觉受害、被压榨，无助、无望、无力，容易伴随羞恼的情绪，无法做决断，没办法解决困难，感受不到生活中的光明面。

● ● "拯救者"：拯救者内心小剧场的常见台词则是："我应该站出来帮忙！"

典型拯救者的角色，常常会因为自己没出面做些什么而觉得不安、内疚。但通常拯救者的努力，会衍生出负面的影响。

例如，反而促成"受害者"更多的依赖，转移"迫害者"的部分责任，也让"拯救者"看不见自己在关系中的盲点。拯救者本身其实也承受相当程度的剥削，或者拯救者的努力其实只是在粉饰太平，让关系中的问题被暂时掩盖或压抑下去。

● ● "迫害者"：迫害者内心小剧场的经典台词就是："都是你的错！"

在关系中进入迫害者角色的人，非常想要控制、责备、压迫对方。内心总是充满着愤怒与焦躁。在关系中意图凌驾对方。

愤怒自动将人带入"受害者"角色

在健康的亲密关系里，没有一种角色会需要人对号入座。但这样的戏码总是会上演，通常都是在亲密关系里产生了一些压力，而当事人又无法用比较创造性的方式回应时产生。

最开始的诱发点，通常是某一件"意外"，或由意外引起的"陈年旧怨"。例如，突然有一天，公司要加班或某位重要的朋友有事，需要打扰你原本的生活规划，也许是你自己需要和另一半说明，或是另一半要请你通融……

但无妨，意外的事实属人生常见。即使打乱了原本的生活，但多数人当下也就接受了。可惜，"福无双至，祸不单行"的墨菲定律在人生中也一样常见。如同电影《小丑》里的一句名言，"过上最糟糕的一天，理性的人也会变成疯子。"

既然是打乱生活的计划，那么就只好请另一半好好地安排吧。但接下来却有可能的是，你决定出门购物，遇到下大雨；原本你打算开的车，被另一半开走了；也或许是你和同事唱歌唱得太投入，没及时接到另一半很重要的电话，而另一半的愤怒和怀疑，像雪球般越滚越大……

当糟糕的事情发生，愤怒就会自动将人带入"受害者"的角色，于是，受害者的标准台词也会跟着出现："天哪，我怎么这么可悲、可怜！"

在一段还算正常或平凡的亲密关系里，"受害者"一旦出现，另一半就必然会被拉进相对应的角色里。比较正面一点的，另一半会赶快将角色转换为"拯救者"——努力弥补、解决你所面临的痛苦，甚至迫不及待地道歉，即使连让你生气的原因，另一半都还没弄清楚。

但也有可能另一半立刻将自己代入"受害者"的角色，开始将问题归咎于你的不够理性，或者是你过度小心眼。

最糟糕的是，另一半直接跳进"迫害者"的位置，用情绪剥削的方式，甚至动用言语或行为暴力，企图镇压这次的意外风波和背后没被看见的关系问题。

❈　❈　❈

这样的"卡普曼戏剧三角戏剧"只要上演一次，就会拉扯一次本来还算和谐的亲密关系。如果产生的裂痕可以修复，那么这段关系或许还能走下去，但很多时候，不断的循环或两人之间有着各种无法磨合的分歧点，就会使"意外"成为常态。当拉扯的裂痕越来越大，这段关系到最后大概就是以破裂收场。

人格障碍者的角色，混乱、强烈、没有理性

但是，当你面对的是具有人格障碍的病态渣男时，这一切就不会是大哭一场或找个朋友聊聊就能解决的事了。

具有人格障碍的病态渣男在将你扯入"卡普曼戏剧三角"时，那种时机的令人错愕与力道之强烈，不曾亲历其境

的人是难以理解的。

首先，人格障碍者的角色扮演，多半混乱、强烈、没有什么理性可言。除了可以完全莫名其妙就将你拉进那个剧场之外，你的角色将随意地被渣男所摆弄。

由于他自身的剧本就充满自以为是的逻辑混乱，你当然也会被硬塞进任何一个角色里。

●●**你随时可能被指控为"迫害者"。**

◇当你陷入边缘型人格渣男眼中的"全坏"状态时，你没有一件事情会是对的。所有的言语、过去发生过的任何小瑕疵，都可以被他放大解读。

◇当你面对自恋型人格渣男的指控时，你会成为刻薄寡恩，不懂得感恩，竟然无耻践踏他高尚爱情的贱女人。

◇表演型人格渣男则会在自己拈花惹草时，还同时对全世界表演，指责你是如何地伤害他，让他不得不去寻求其他人的安慰……

●●**当然，你也必须成为"拯救者"，因为这些都是你应该做的。**

◇依赖型人格渣男会将他妈宝的行为模式发挥到极致。在对你索求无度的同时，也控诉你是如何地与"好女人/好妈妈"有着天差地远的距离。

◇反社会型人格渣男则毫无愧疚地要求你承担起乖乖让他剥削的角色,并对你所遭受的痛苦视若无睹。

● ● 至于"被害者"呢?

不用你对人控诉,具有人格障碍的病态渣男通常都会恶人先告状地四处宣传,并且愈发毫无罪恶感地折磨你,因为这一切都是你的错。

他们自以为理直,扭曲各种道德原则来绑架,滥用各式情绪来勒索。以爱之名,不断地对你实施各种关系凌虐……

从拯救者到受害者

多数时间里,病态渣男的剧本角色是混乱而变换不停的,而你被强扣的帽子自然也是如此。

一开始,你是他生命中最重要的拯救者,后来变成导致你们关系生变,导致他各种不忠行为的罪魁祸首。接着,各种"活该的"受害者角色又会降临到你身上,但又可能接续各种夸张的认错、道歉,感谢着、祈求着你能够再度回到他的生命中,成为伟大的拯救者。

"渣男磁铁"产生的原因

但这样的现象，还是不足以让大家理解一个最重要的核心问题："为什么你会是那个倒霉的关系人？"

这个问题的答案，最终还是要从文化、社会的角度，从关系互动的过程中寻找。我们必须花时间，用"卡普曼三角"的模型，进行亲密关系产生冲突的动力分析，最终理解到"渣男磁铁"产生的可能原因。

✿ ✿ ✿

一般来说，"渣男磁铁"在关系三角的不同角色里，都会呈现出某些弱点。

- 例如在"被害者"角色里时，家暴受害者最经常被问到的问题是："为什么一直受虐，还不离开？""渣男磁铁"的性格特质很容易流露出某种特殊的受虐体质，她们不由自主地被斯德哥尔摩综合征给控制住，只想用更多的付出来改变亲密关系的困境。
- 而当"渣男磁铁"被放进"拯救者"角色的时候呢？这时候，被同事们戏称为"真爱无敌综合征"的爱情信仰常常就会开始产生作用，一方面将渣男过去的某些行为解释为"真爱",并且念念不忘;另一方面,还因为某种信念和愧疚,希望用更多、更无私的爱去"感化"对方。

- 至于"压迫者"的角色,这多半是被病态渣男硬扣的帽子和黑锅,但其实在某些特定的状况下,也不是完全无迹可寻。

很多女性被一些本质上是性别榨取的价值观所控制而不自知,并将那样的期待,例如女人要有美满的家庭,或者要有童话里的王子公主般的美好未来才算圆满等,施加在自己的亲密关系上。

这样的美好期待本身就不太可能实现,还很容易为病态渣男提供可以使用诈骗手段乘虚而入的空间。

这些"渣男磁铁"在关系中的不同弱点,接下来的文章中会有更详细的探讨和说明。

"为什么受虐的她不逃走？"

> 好女人受的伤最重。

"这就是传说中的抖 M 体质（受虐）吗？我难道是个潜在的受虐狂？"

虐待狂（sadism）和受虐狂（masochism）的概念，一直被应用在性心理疾患的诊断中，直到最新版的《精神疾病诊断与统计手册》才将"知情同意"下的行为排除掉。

若是"一个愿打，一个愿挨"，那么就是不存在问题的性偏好。如果当事人在这样的状态下觉得痛苦或者非自愿，那么就仍然是某种程度的性心理异常。

但在这里提出，最主要的目的是想提出一个概念，同时也是提醒大家，人类有时候会将心理、肉体上的痛苦和喜悦相互混淆起来。

认知错置

"可那是病啊，不是吗？"

就像本书一开始提到的，很多人类的异常心理本质上是一个"光谱"般的现象，也就是说，几乎每一种异常的"症状"在正常人身上都有机会出现，只是程度很浅、频率很低而已。

例如，有一个很有趣的心理学问题，问如果是相同的关系和状态，在哪一种情形下，男性对女性的求爱比较可能成功：花园散步时？图书馆念书时？打完网球后？答案是"打完网球后"。

这个结果会让多数人觉得不可思议，但却相当具有神经心理学的根据。因为刚打完网球后通常处在"脸红心跳"的状态下，如果这时被邀约或告白，女性很容易将这种生理的感受与恋爱时"小鹿乱撞"的感觉相混淆，这也就能解释为什么在这个实验里，这三个不同组别的女性对于求爱男性的"评分"，就属"打完网球后组"的分数明显高于另外两组了。

其实，这类"认知错置"原理的应用场景相当广泛。例如，当你紧张时，你不断告诉自己："*我好兴奋啊！因为就要成功了，看我激动成什么样子了。*"心理学的实验也告诉我们，这样的策略确实有效。这样的"自我催眠"，在很大的比例下，可以将焦虑对自我表现的伤害降到最低，甚至还会因此让临场表现变得更好。

❈ ❈ ❈

所以，看到这样的结果，我们总不能认定"人类怎么那么好骗，那么黑白不分"吧？因此，处在关系凌虐中的女性为何会仿佛失去了理智，原因当然也就不难理解了。

但通常还不止于此，除了个人的因素外，我们的文化也在认知错置这件事上帮了很大的倒忙。

"我这样打你，一切都是为了你好"这类的话，相信很多人从小听到大，甚至自己也会说这样的话。

如果冷静下来细想，其实不难发现，这类言语的背后更大的部分只是在为自己取得发泄怒气的正当性。我们不否认某些行为的背后，有责善规过的目的，但如果不能正视当事人因为强烈的愤怒而发动的行为暴力，也就没有办法公允地解析出当事人的行为动机。

因为我们都习惯了，习惯替施暴者的行为找出"正当"的理由，忽视掉潜藏的"不正当"因素，这就让我们本来就很容易"认知错置"的状况更是雪上加霜。

再加上，没有一段关系不曾有过一段"甜蜜的美好回忆"，而为了维护那份"美好而甜蜜"的信念，我们就更会义无反顾地欺骗自我。

受虐者心理陷阱

然而，在"认知错置"之后，还有更强大的受虐者心理陷阱在等着。

心理学家还曾做过另一个有趣的实验。让一个女性"装成考生"，考生身上被粘连起可以通电的电线，只要她表现得差、做得不好，就会对她实施电击。但其实这一切都是假的，女考生不会真的被电击，她只是演得很像。当实验进行时，女考生还是会演得颇为夸张，又是尖叫，又是哭泣。

然后，研究者找了很多组不同的人观察这个过程，并且请他们评价这个女生，问他们认为这个女生够不够努力、够不够认真，甚至请观察者们对"受虐"的女考生做出人格上的评价，请他们直说"会不会喜欢这个人，会不会想跟她做朋友"。

但是这几组观察者在设计上有一个小小的不同，他们被分成两组：其中有一组，他们看到当考试结束时，女考生得到很好的奖金作为补偿；另一组则看到女考生"白白被电"。

最后的实验结果相当令人惊讶，看到女考生"白白被电"的那一组，竟然会对女考生有着比较强烈的负面评价。

❀ ❀ ❀

"怎么会这样？受苦、没有回报的人，会让人有更差的印象分数？"

答案真的是如此，而背后的道理也很简单。

我们人类在面对各式各样的"惨剧"时，大概只有两个方向可以怪罪：一个是怪罪当事人，另一个就是怪罪当事人以外的世界。

因为人性期待公道，所以当发现不公道时，若不是对外讨公道，就只能回过头来说："你一定做错了什么！"

这时候，文化背景再一次为这道伤口撒上盐巴。为什么好女人受的伤最重？因为好女人在我们的文化里，被要求

"反求诸己"。一旦有问题，先反省自己是不是有错，先想尽办法找出自己的"错"，一定要让自己做到尽善尽美，然后才敢开始怀疑别人。

再加上，所有渣男营造的"甜蜜关系"的记忆还未消散。既然那个"甜蜜"的认知不该是错的，那么能够"看不顺眼"的，也就只有那个"我应该真的做错了什么吧"的自己了。

❈ ❈ ❈

经过连续两记认知失调的重锤后，很少有女性不会因此而丧失自信。

和多数人认为的不同，认知失调并不意味着女人"笨"，而且多数还是各类"人生胜利组"的女性，会在这种关系剥削里苟延残喘。

就是因为知识够高、学识够厚，才会更加一意孤行，替这段已经明显腐败的关系寻找各种理由；也只有够有头有脸、够在意"社会观感"的女性，才会为了企图维护"本来就建立好的"完美形象，试图用自己的血泪，努力黏合那让人不堪的残破。

沉没成本＋情绪反差

然而，这样的努力还要面临最后一个可怕的认知陷阱。这个认知陷阱，是一种"沉没成本"和"情绪反差"的综合体。

对于沉没成本，很多人耳熟能详，但通过情绪反差而产生的情绪效果又是什么呢？

在精神疾病中，有两种很特殊的"犯罪型"疾病，分别是"偷窃癖"和"纵火狂"。这两种状态之所以能够达到"病"的程度，基本上都是损人而不利己。

以偷窃癖来说，病患通常完全不需要他所偷窃的东西，甚至很多偷窃癖家里其实很有钱。那么，为什么他们要偷窃、要纵火呢？

其中一个关键是，他们在做这些事情之前，整个人的身心会进入很高压、很紧绷的状态，而通常在"完成犯罪"之后，这个紧绷的高压状态才会突然得到解放。正是这种解放感，会让病患深深迷恋而无法自拔。

压抑之后的快感

"可是，这是因为他们有病啊！"

我们看着各种虐心的戏剧，期待最后狠狠报仇的大结局。——就算受虐倾向真的不算严重，但压抑之后的快感，其实是多数人都有却又不自知的经验。

所以，不要责备落入渣男陷阱的女人；不要责备她们，为什么会轻易被渣男的"道歉"给欺骗了。

对旁观者而言，道歉就只是道歉，现实中完全弥补不了什么。

但对当事人而言，那样的感觉就好比是虐心之后的反弹，强烈的反差，再加上"从未见过的、惊天动地的道歉手段"，割手的、放血的、说要上吊的、在门口跪一整晚的……那种陷阱，不是一句叫人保持理智和清醒的话，就能让人成功逃脱的。

❈ ❈ ❈

而"沉没成本"，指的是自以为买了一只绩优股，结果不断地往下跌，为了摊平成本，只好不断再投入，不然就血本无归……不过，在实际生活中，我认为用"赌博上瘾"的原理来形容，可能比沉没成本更加贴切。

在行为心理学上，我们怎么让赌博上瘾？或者说，诈赌者最好的招数是什么？

并不是让赌徒每把都赢，因为那样你就没办法让他"输"了。最佳的方式是输小钱赢大钱，而且最好是在赌徒"自以为找到必胜绝招"的时候让他赢一笔大的，但输多笔小的。如此，一直反复。

最后，他会相信："我明明就找到方法了，我一定能翻本，一定能扳回一城。只要赢了，之前的就都赚回来了。"

"是啊，他这么爱我，我一定能找回那个爱我的他，只要再多做些什么就行了。这次失败，是因为运气不好，是因为我有个小疏忽，再投入就行了。我就要成功了，我就要找回过去的那份甜蜜了……"

于是，综合"反差"和"翻本"，我们看到当事人如何地泥足深陷，受尽凌虐，却也离不开渣男的身边。

❈ ❈ ❈

心中一边怀着对"真诚的爱情"的认知，呕心沥血地为渣男找理由，一边不断地怪罪自己、检讨自己、委屈自己，只因为妄想这样的付出，可以挽回心目中美好的爱情。

让渣男不断地犯错、不断地道歉，并且为此痛苦地难分难舍，最后更是拼尽身家、拼光未来，全心全意地，像个疯魔的赌徒一般把自己都赔进去——这就是身为"卡普曼三角戏剧"中"被害者"角色的女人，难以被旁观者理解和接受的困境。

体贴的好女孩容易被病态渣男利用?

> "体贴他人""知错能改""自我鞭策"是渣男温床?

在理解卡普曼的戏剧三角里,"渣男磁铁"为什么会陷入"被害者"角色,不断地受虐而无法自拔的原理后,其实多数当事人只要认真回想,就会发现这段亲密关系变质的起点,自己并不是一开始就站在"被害者"的角色。

很多时候,自己是被病态渣男直接扣上"迫害者"角色的帽子后,才开始从爱情的天堂落入地狱。

以下是一个网络社交软件上流传的公开留言,一个外遇被抓包的男性匿名责骂自己妻子的文章。即使遭到多位网友指责,当事人依然绝对地以自我为中心。

我是真的知道错了!

如果有机会我都想再试试看。

有人留言说我老婆离开我很聪明。
但我会那么生气逼她离婚,
还不是因为她害那个女孩丢了工作?

那时候她安胎明明什么事情都知道,
却装作什么也不知道地跟我过生活,
甚至还在背地里叫我同事包容我。
好像我才是被蒙在鼓里的那个人,
那个女孩才会生气地打电话去骂她。

而她居然把录音带传到我们公司,
害那个女孩没几天就被辞退了,
我也才发现原来大家早就知道。
我听了录音带真的觉得很可笑,
那个女孩骂了她那么多的公道话,
说她不关心我说她没有顾虑我的生理需求,
她却只是淡淡地说几句不好意思能退出吗?

直到那个女孩说她没有自己漂亮才爆怒。

你们说她是不是很可笑？

她在乎我吗？

这样两败俱伤的做法哪里聪明？

这样丢自己丈夫的脸很聪明吗？

如果真的聪明就应该看在小孩的分上挽留不是吗？

说真的如果我小孩没有爸爸才是她最大的损失吧！

　　文字虽短，但不难理解故事的梗概其实很简单。男人在公司和女同事搞外遇，怀孕的妻子隐忍再三，但小三打电话去责骂。妻子录音后回传给公司，小三因此失去了工作。

　　除了开头轻描淡写的一句"我是真的知道错了"之外，通篇都在指责妻子。简单地讲，他就是想要说服别人"妻子才是迫害者"，而这正是渣男相当常见的套路。

　　因为事实很明显，即使是患有人格障碍的病态渣男，也没脸、没胆去否认在现实中，自己真的有那么一点错，只是这部分一定会被轻轻带过。那个"我有错，但是……"的"人生的一切就是这个 but"的句型，可以说是这类渣男的最爱。

一切都是别人的错

　　接下来的思考，也完全没有为他人设身处地的同理表

第二辑　为什么总爱上渣男？我是"渣男磁铁"？

现，一切只有自己，也只能只有自己。所有"绕着我而存在的"都是对的，"没有为我想的，都是错的"，这样的原则主导着所有抱怨言语的核心。

妻子隐忍了，叫同事要包容，这样不对吗？当然不对。

就客观来说，这样其实就是纵容，就是溺爱。也许妻子真的胆小，也许妻子为了腹中的孩子，甚至还想给男人一个机会……但男人怎么解读？他责备地说"我被蒙在鼓里"。如果可以，他大概想治别人一个"欺君之罪"了吧！

他找不到真正可以怪罪的地方，所以连"隐瞒"这件事都可以拿来指责。但事实是，如果只是"不讲开"就罪该万死，那么，背叛婚姻、偷偷瞒着妻子追小三的事情，又该怎么算？但这显然不是男人会考虑的。

接下来的言辞，还透露出另一个特征——病态渣男在罗织他人是"迫害者"时，全世界都会是自己的盟友。不是自己盟友的，都不算数。

✤ ✤ ✤

其实小三会打电话给原配，真正的动机、原因是什么？背后的可能性有千百种，也许是相信了病态渣男的洗脑，要跟"不被爱了"的原配"摊牌"，更可能只是按捺不住的

207

一时冲动……

但在男人的眼中，妻子"把我蒙在鼓里，她'才'打电话"过去，而且还"骂了很多'公道话'"，连"没顾虑到我的生理需求"都可以是理由。也许男人只差还没找到一两个昧着良心、站在他这边安慰他的朋友，不然说出来的话铁定是"大家"都在替我讨"公道"吧！

至于更进一步地，公司有没有可能有自己的规范，有没有对于办公室恋情、私德及可能的违法行为有所要求？甚至有没有可能小三自己本来就有工作上的问题？这些可能性，显然再一次被男人完全无视。

一切都是妻子害的，就只因为"曝光录音带"。（前面不是才说，大家都知情了？大家都瞒着你，所以你很不爽在大家都知情的状况下扮笨蛋？那多了一份录音带，又多揭露了什么吗？）

至于"小三骂妻子没关心我，没生气""说你不够漂亮，才生气"竟然也会成为男人不爽的理由，也更坐实"一切只能以我为中心，没有以我为中心，就是不对"的人格不成熟所流露出来的潜意识。

而后面的"你让我没面子""你让小孩没父亲（但不怪罪自己做错事）"，并且指责妻子这样的作为叫作"不聪明"，也都是这类渣男人格乖离的明证，更是他们任意将"迫害者"

的帽子，反扣到别人身上的常见模式。

"体贴他人""知错能改""自我鞭策"是病态渣男温床？

> "但是……那是因为渣男都很有问题啊！不是吗？"

确实，在亲密关系里，很多人格偏差而不自知的人会有这样的行为模式。而如果是人格障碍，更是有着各自不同的奇怪逻辑，将问题都推给他人。

那么，在这种状况下，还是有着"渣男磁铁"的问题吗？

很遗憾的是，虽然多数这类亲密关系中的受害者，通常都是全然地无辜，也大多都不该是需要检讨的受害者，但确实有些当事人的人格特质，很容易在人格障碍的无理指控下，快速地败下阵来，或至少因此而承受着他人难以忍受的痛苦。

这同样要从个人本质与外在文化信仰两个角度来看。但这二者又密不可分，在多数时间里，它们交互影响着彼此，并映照在每个人的行为特质上。

综合来说，这类特质在善良人性中唾手可得，在"正常"状况下也几乎都是美德，比如"体贴他人""知错能改""自我鞭策"等。

✤ ✤ ✤

体贴的人容易被病态渣男利用？确实是如此。

体贴他人的第一要件，是相对放弃太多的自我意愿，尊重他人的意愿，并愿意为此付出。

我觉得猪肉才是世间的美味，但对方就是非羊肉不可，尽管背后可以有很多的道理，但体贴的人会做的，就是理解对方的喜好，并且做出让对方方便的安排。

在多数的亲密关系里，体贴只要做到沟通无障碍，彼此对等就可以。

但与患有人格障碍的病态渣男互动，就没有那么简单。

✤ ✤ ✤

也许一开始，对方就很自恋地要求你完全配合，也可能很边缘地完全将你当最高准则看待，但又会很快地指责你，全然不替他考虑……

但不管怎么变化，体贴的人都会因为这样，被拉进不断地想要理解渣男需求的陷阱里。

往往要到吃尽苦头之后，才会发现有人格障碍的人之所以会被认定为人格障碍，就是因为他们的标准基本上就是完全的自我、完全的排除他人,他们本身又起伏变动、无法稳定,所以最终也不可能和任何他人建立起稳定交流的模式。

一块永远在地震的大地,无论如何也修筑不了来往的道路;一条永远在泛滥的大河,也别想建立起能够沟通的桥梁。

被病态渣男利用的"知错能改"

如果体贴的人会因为努力地为别人着想,像西西弗斯那样对那块注定滚落的石头感到挫折不已,那么"知错能改"的人呢?

其实,知错能改的背后,本质上是一种对权威的变相尊崇。做父母的会为了小孩的体贴而感到暖心和高兴,但更多时候,在讲起各种"规矩"的当下,更希望小孩奉行的美德是"知错能改",其背后的意味,就是希望小孩能完全接受大人对于现实价值的各种规范,并努力达成大人所期待的目标。

�＊ ✼ ✼

在多数状况下,这并没什么错。不过,在我们的文化传统里,不去质疑权威,通常被倾向认为是一种"美德",例如"天下无不是的父母",这句话就是个中代表。但我们都很清楚,父母不可能完美,自然也不会永远没有"不是"之处。

而且越"乖"越服膺权威等这类知错能改的好人、好女人,通常越会在倾向父权体制的社会结构里,得到一定程度的赞美,即使她们在未来的婚姻、家庭结构里,必须承担更多、付出更多。

可惜的是,这样的"美德",几乎都是"苦守寒窑十八年"那一类型的古典故事桥段里,当事人吃苦受罪的主要原因。

表面上,现代社会在两性关系上已经不再往古老传统道德的方向做要求,但事实上,这样的文化氛围其实还蔓延在我们生活的各个角落,并因此影响着我们的行为。

"顾客永远是对的""不合理的要求是磨练""追求使命和价值,谈钱就下等了"……越是不对权威质疑,越是没有"被讨厌的勇气",我们就越容易在被指责时赶快认错,降低争执,然后将改善问题的可能性寄望在自己片面的认错、改错上。而具有这样"美好"性格的人,自然就成为渣男眼中最甜美的猎物。

体贴带来挫败与自我质疑,认错带来更多的内疚与自信沦丧。原本良好的人格特质,在面对病态渣男指责时自动举手投降,从而让关系剥削中的自己为此痛苦不已。

被病态渣男利用的"自我鞭策"

那么,更为正向的"自我鞭策",又怎么会让自己轻易地变成"迫害者"呢?

自我鞭策和知错能改,就是同一条道路的积极面与消极面。知错能改只是等着别人的指正,期待改正,以消除外界的不满,但自我鞭策就更加主动。"成为一个更好的人"(to be a better man)是一句常常被放在各种歌词中激励人心的话,它代表当事人进步、提升的努力与意愿。

但与知错能改的人容易被病态渣男利用的原理相同,自我鞭策因为更积极主动,所以当事人会做到的"美德",通常就是先寻求"好,还要更好"的目标,而不仅满足于"把坏的改掉"。

自我鞭策所期待达到的,是让自己、让别人,甚至让这个世界、让天上的神灵都要对自己这个人更加满意,这是一个让自己不断往完人路上努力的永不停歇的生命任务……

然而,当这样的美德遇见永远贪婪、始终不满的人格障碍渣男时,那就像是面对一个永远破不了关的魔王一样,无限消磨的只会是自己真心下珍贵的努力与宝贵的青春。

❈ ❈ ❈

你想努力？但是你要往哪个方向努力？就像前文的例子，更好的怀孕妻子，如果"不能让丈夫觉得被隐瞒"，那么一开始就该说"我知道你有小三"？但又要顾及丈夫面子，那不就要让自己处在"既要开诚布公，又要完美隐瞒"的状态？

在自我意象已经混乱不堪的人面前，根本就不会有另一个可以存在的"完美他者"的立足空间，因为他的标准不会稳定，前后也不会一致；而就算真有这样"男性眼中"的绝对完美的女性存在，病态渣男也没那个资格和那样"完美"的人共结连理。

❈ ❈ ❈

然而，以上这些"美德"所面对的一切事物里，最悲惨的是，原本被多数人、社会或文化所称颂的价值与善意，当事人期待和这个世界建立良好互动所修持的品格，到头来却是什么？

体贴只换来挫折，认错只换来伤害，改进只落得身心俱疲，不但背上"迫害者"的黑锅，还有很大的可能是自己都被催眠,相信所有的问题都在自己身上,并不由自主地落入"拯救者"的角色。

不仅还要继续付出,更要变本加厉地成为关系剥削中被予取予夺的对象,最终摧毁了心中对"爱情"的美丽憧憬。

"真爱鸦片"的爱情信仰

> "他以前真的不是这样的人,一定是那些朋友和酒带坏了他……"

科学家发现,人类在婴幼儿早期就会出现"听到别人在哭,自己也跟着哭"的现象。由着他人的情绪而共感同调,是人类同情心的重要表现,也是达尔文眼中人类道德的基础。

就连在很多动物身上也可以观察到,像狗那样会和人类亲近的宠物自不用说,就连其他动物,也有很多为了帮助他者而让自己冒着风险或付出代价的状况。

有些鸟类遇到敌人会发出警告的叫声,提醒其他鸟儿逃走;海豚会救助受伤的伙伴;猴子会保护族群中眼盲的小猴子;黑猩猩还会拥抱、帮助被咬伤的朋友,而被帮过的朋友,甚至在几个星期之后还会做出"回报"的行为。

人类会想要协助别人，那一点儿也不可耻。真正可耻的，是没有这份心思，丧失维系群体连结、互助能力的冷血人类，而阿雪的先生就是这样的例子。

"真爱"的心灵鸦片

"他以前真的不是这样的人，一定是那些朋友和酒带坏了他……"

阿雪在家暴受害人团体里这样说着。

阿雪的先生是经由阿雪哥哥的朋友介绍认识的，两人交往不到半年就奉子成婚了。一心相信爱情的阿雪，除了过早就被美好的关系想象给冲昏头，而从小在破碎家庭中像个小奴婢般挣扎成长的经历，也让她毫不迟疑地投入先生的怀抱。

婚后的生活很快就变了调儿。阿雪的哥哥、父亲本来就嗜酒，而从哥哥朋友圈经人介绍认识的丈夫也不例外。

阿雪习以为常的本能，除了隐忍还是隐忍。如果丈夫只能不断用酒精麻醉自己，才能面对他不堪的人生，那么阿雪能用的就是那个名叫"真爱"的心灵鸦片。

"没有喝酒的时候,他真的对我很好。真正的他,不是那样……"

也许阿雪喝了酒的丈夫,不是真正的他。那么,选择去喝酒的那个他,又该是哪个他呢?也许阿雪内心深处不是不知道,只是不愿意面对。

但之后的状况,只会变本加厉。

阿雪的丈夫竟然勾搭公司的女客户。凭着自己爱闹、爱玩的个性,阿雪的丈夫成了女客户的男友。

"他说,如果不这样做,他的工作就会受影响。他这样做,也是为了我们这个家……"

被家暴,却觉得歉疚

多次因为争执而被揍得鼻青脸肿的阿雪,虽然举报丈夫家暴,让丈夫被法官勒令不得靠近她,必须去戒酒,但阿雪却觉得心里充满了歉疚。

这其实就是"卡普曼戏剧三角"中典型的"拯救者"思维。任何人只要因为亲密关系而产生任何扞格,都会很容易陷入这样的角色里。毕竟没有人不珍惜自己眼前的任何一种亲密关系，也会因为内在的善良而期待进入这样的角色以修补关系。

一般人只要有一定的人际界限，就会自动设定"止损"，对方若不会过度无理取闹，总是可以通过时间来慢慢缓解和磨合；而最糟的，也就只有伤心的分手一途了。

怨怼难免，公说公有理婆说婆有理的状态也常有，但还不至于到心力交瘁，甚至出人命的地步。

但若面对的是具有人格障碍的病态渣男，这段故事就很难顺利了结。

◇边缘型人格渣男，会绝对以自我为中心地对你实施情绪勒索，拿过去的"美好"要求你"回报"。

◇表演型人格渣男，会哭天抢地地昭告天下，仿佛你如何地亏欠于他，有义务继续为他做牛做马。

◇自恋型人格渣男，会对你千般贬抑、万番"指正"，告诉你，你有多么地不堪，多么地下作。你只有乖乖听他的指示，接受他的奴役，才是"明智"的作为。

◇依赖型人格渣男，会将责任完全归咎于你，仿佛他眼前所有软烂的作为，都是你单方面需要承担的"义务"。

◇反社会型人格渣男，根本就会冷血地说谎、欺骗，甚至动用暴力，直接从你身上凌虐、剥夺……

除了这些以自我为中心的关系凌虐之外，**最严重的人格**

障碍者，还能用各种方式将责任转嫁给无辜的他人。

在韩国骇人听闻的网络性侵案"N号房事件"里，主要嫌犯被逮捕时面对媒体的姿态就是一个再清楚不过的例子。

一个看似正常的男性，在网络的遮掩下采用诈骗和威胁的手段，对未成年的女性施加各种性侵害，然而他在面对麦克风时却说了一句，他感谢大家"帮助了他"。

多么熟悉的言语啊！只要经常和以自我为中心的人格障碍者接触，对这样的句式几乎都不陌生。

"我迷失了，我是多么地沉沦，是你！是你拯救了我的灵魂！"

在不知不觉中，自己的责任消失了，他成了"需要被拯救的人"。而所有听到这句"感谢"的人，都不由自主地被放进"拯救者"的位置，毫无察觉地被他操弄，被不由自主产生的宽恕美德所误导，踏进病态渣男所营造的陷阱。

逃离，仍然是最终、最重要的解决之道。

一切都是他说了算，这不是真爱

但"渣男磁铁"在"拯救者"的角色里，到底出了什么事儿，让她们似乎特别容易掉进这样的陷阱里无法脱身？

一个很重要的解答，就是被我同事戏称为"真爱无敌综合征"的心理，也是被我称为"真爱鸦片"的爱情信仰。

爱情对多数人而言，通常是一个"只能意会，无法言传"的概念，因为没有一个人能对它提出完整的定义。所有越是简单、抽象的名词，例如忠诚、仁慈、忍让，都是越具有这样的特性。

爱情也成为所有艺术家不可能放过的重要题材。诗人为它写出美丽的作品，音乐家为它创作出美丽的乐章。在宗教里，它成了被挑战的重大目标，断情弃爱成了人类意志无上的象征。在神话故事里，它更成了可以跟天地神祇对抗的伟大力量。

但也因为这样，爱情几乎被人类文明升格为至高无上的存在。相信爱情，本来可以是一件非常美好的事，而"真正的"爱情，更被认定为包含所有人类可以找得出来的重大美德。它要多坚贞就可以有多坚贞，它要多专一就可以多专一，它要多能牺牲奉献就可以多么地可歌可泣。

❈ ❈ ❈

但就像所有强大的信仰一样，只要有神圣的存在，同样就会有寄生其上的神棍跟着诞生。

寄生在宗教之旁的神棍，表现的会是什么样态呢？通常他会宣称能够保障你的未来，解决你的问题，给你所有痛苦的终极解决方案。而一切的问题也都会在找到"真爱"、信仰他提供的"真爱"之后，得到根本的解决。

神棍怎么引诱你呢？他说他就是神/真爱的代言人，他拥有神/真爱所赐予的奇妙力量。你的痛苦来自于身边的所有厄运，而他/神/真爱就是这一切痛苦的救赎。

但是……在即将获取如此珍贵的"庇佑"之前，你是要付出一点代价的。就像所有神棍都会说的：你要信奉他、不可质疑他，给他供奉，为他捐献，甚至跟他上床，为他做牛做马……这样他所代言的真爱神力就会降临在你身上，接着就会带给你期盼已久的"真爱"，你就可以拥有无上的幸福。

误解真爱？

你相信"真爱"吗？我相信。就像每一个教徒都相信，能拥有内心的平静和一生的救赎一样。

然而，在真爱的追寻上，奇迹是等不到的，我们真正该做的是找到适合的，但一定有着缺点的另一半。彼此愿意互相理解、认识，向着双方都同意的方向，不彼此勉强地互相扶持、一同前进，最后才有可能无限地接近传说中的"真爱"。

遗憾的是，对于"真爱"意义的误解，最后导致被神棍般的病态渣男所蒙骗，正是多数"渣男磁铁"在亲密关系里最容易泥足深陷的原因。

名为"拯救者"，实为奴隶

◇表演型人格渣男可以演得要多痛苦就有多痛苦，但他看不见你的痛。

◇边缘型人格渣男就只会翻着旧账，想将过去强加在你身上的"奉献"，一五一十地全部都要回来。

◇依赖型人格渣男不会记得是他自己要你帮忙做决定，就只会把所有的责任都丢在你身上。

◇反社会型人格渣男就更只会不问自取地，从你身上榨取所有他想得到、拿得到的东西……

"渣男磁铁"会因为自己对"真爱无敌"的信仰实在太过刻骨铭心，太过牢不可破，而被很多病态渣男的话术糊弄过去。

致命关系：病态人格的七种假面

❈ ❈ ❈

特别是已经接近信仰程度的真爱信念，就像一般宗教会告诉我们的，"在神的面前，要做的就是诚心地反思己过，诚心地忏悔"，很多人一旦遭受指责，最先想到的就是内疚与投降，最终不免不断地被病态渣男所利用，而无法跳脱他所指派的名为"拯救者"实为奴隶的角色。

通常这时候，就像从邪说中脱离常常需要某种以质疑为基础的"顿悟"一样。我们要理解，"真爱"或许存在，但它不是任何一个人可以随意定义的，或者至少不是病态渣男可以单方面定义的。

具有人格障碍的人，最常表演的绝技就是"拿你的话来堵你的嘴"。很多当事人最常见的感受就是"我说过的话，被拿来攻击我自己"，而这往往会让当事人哑口无言。

- "你不是说爱我？那怎么看不见我有多痛苦？"
- "你不是说爱我？我都能为你这样牺牲了，你就不能忍让一点？"
- "你不是说爱我？我就是一切听你的才变成今天这样，你怎么可以不负责任？"
- "你不是说爱我？才拿你一点钱，你就要计较成这样？

你对我就这么没信心？"

是啊，一切都是他说了算。

有"无条件"的爱，但不存在"无限制"的爱

在面对这种攻势时，最主要的问题往往会出现在两个层次：

1. 对于"关系义务"的认识；

2. 当事人对于人格建构过程中，内在隐藏的需求没有自觉所造成。

想要破解"关系义务"的部分，远比想象中要直接、简单，关键就是一句很简单的话：在亲密关系里，确实应该存在着珍贵的"无条件"的爱，但不存在"无限制"的爱。

不是因为你美，才爱你；不是因为你有钱，才爱你；不是因为你会做牛做马，才爱你；也不是因为你有成就、有事业，才爱你。

真爱不谈条件，但真爱不能索求无度，不能无限上纲，不可以没有限制。我还是爱你，因为我知道诱惑很多，我可以和你一起小心地维护、一起对抗，但不代表我就要"无限度"地容忍你的所有作为。即使你犯了罪，我还是会爱你，但那不

代表我会无限制地替你作伪证,无限制地替你撒谎……

两人再亲密,还是各自拥有独立的人格

如果能够认识清楚再怎么重要的亲密关系里,每个人都还是要保留着自己完整的人格,就不难发现那个"限制"其实一直都存在,那也是真正可以让两人好好携手、共同建立真爱的一个重要前提。

真爱不用寻找,真爱需要建立,它需要两个有着一定成熟度而人格完整的人共同努力,才能完成。

❈ ❈ ❈

但"渣男磁铁"还要面临的另一个难题是,自己并没有发现自己的人格潜意识深处,有着某类难以言喻的"缺口"。正是因为缺口一直没能填补,所以才会将希望寄托在"真爱无敌"的奇迹上,寻求那种虚无缥缈的救赎,因此而落入病态渣男所营造的陷阱之中。

那道缺口,往往与我们的原生家庭或从小成长过程中的依附关系,有很重要的连结。

接下来,我们就用更详细的思考和说明来让大家理解。

原生家庭的伤痛与依附关系的缺乏

> 人格障碍通常与童年时期的受虐经验有关,包括儿童虐待、忽视、性侵、体罚等。

"为什么阿雪可以执迷不悟到那种程度呢?她从小就痛恨酒鬼父亲,怎么看不出自己的先生不可能改变?"

首次参与家暴受害者团体的医学生,满是不解地提出问题。

"你听过'酒鬼的女儿,很容易嫁给酒鬼'这种说法吗?"我问。

学生点点头。

这类的说法,在精神科临床实务上时有所见。

"好像自己心里也有个坑"

常见的"解释"是认为人类在人格形成的过程中,并不像我们想象的那样"己所不欲,勿施于人",反而会因为童年时"习惯"于某种型态,而变成只能用那样的型态与人应对。

这就解释了一个人为什么小时候被殴打,却不会让他从此讨厌殴打,反而让他养成"遇到事情,出拳头就对了"的习惯。

而酒鬼的女儿,也许因为小时候只和具有"酒鬼人格"的家人相处,所以即使她再怎么讨厌酒鬼,长大之后仍然会不由自主地,比较习惯和具有酒鬼行为相同模式的人相处。

她在幼年时所学会/被洗脑的各种人际应对模式,包括隐忍、无视自身的剥削、持续等待对方"酒醒"……诸如此类僵化的互动轮回,会让她因为只习惯和这类人相处,而导致自己只能在这样的"人际框架"中去催眠自己,接受众多烂苹果中"相对比较能看的"那一颗。

❈ ❈ ❈

比较有实证的研究证明,有相当多的人格障碍和童年时期的受虐经验有高度的相关性，包括儿童虐待、忽视、性侵、严重体罚等各种压力经验。

从生理的角度来解释，由于人类的大脑一直到 25 岁前都还不算完全成熟，越是幼年，其对人格发展和形成的关键影响度就越大。

这也正是很多"渣男磁铁"在做更深度的自我觉察时，固然会愤怒于过去病态渣男对自己所施加的各种关系剥削，但也常常会出现一些体悟，发现"好像我自己心里也有个坑"的原因。

❀ ❀ ❀

或者也可能有朋友指出自己的个性，似乎有些"极端"的成分，虽然不像人格障碍那么离谱，但也有些特质隐隐会和某些人格障碍相对应。

就像有时候自己也挺"边缘"的。爱的时候，别人讲什么话都听不进去，就只看得见对方身上的好，但醒悟过来时就觉得过去的一切都是如此黑暗，留在自己心底的就只剩下恶心的记忆。

或者有时候也挺"自恋"的。总是相信，言情小说里降临到绝世美女身上的爱情，自己一定也有机会遇得到。

有足够的安全依附，才能有自尊及安全感

但是要如何自我觉察呢？这里就不能不提起"依附理论"了。

"依附理论"是知名心理学者约翰·鲍比（John Bowby）以一连串由哈里·哈洛（Harry Harlow）所做的动物心理学实验为基础，而发展出来的心理学理论。

在哈洛最著名的恒河猴实验里，新生恒河猴被从亲生母亲身边带走，然后又被提供了两个假的"母亲"：一个是由铁丝做成，脸部还做了像獠牙的模样；另一个则是由绒毛布套在有弹性的橡胶上做成，脸部则是温和的圆脸和大眼。但只有在"铁丝母亲"身上，放着一个装有加热食物的奶瓶。

实验结果是，小恒河猴虽然被迫要回到"铁丝母亲"身上才能吸到奶，但多数时候，它会选择抱趴在"绒布母亲"身上磨蹭。

当小恒河猴对陌生环境进行探索受到惊吓时，它会立刻冲回到"绒布母亲"身上，紧抱"绒布母亲"一段时间后，才敢再去探索四周。

这个实验证实，对婴幼儿而言，很多时候"情感"比"面包"还要重要。这也更新了我们对于婴幼儿发展只从古典精神分析重视原欲的认知，进一步扩展到儿童与主要照顾者之

间的互动关系。

但其实这个实验还有更长时间的后续观察,只是多数人并没注意,那就是当这些小恒河猴日渐长大,即使提供给它们足够的食物和成长的空间,它们也没办法和其他正常哺育下的猴子建立起稳定的互动关系,也都没办法成为可以好好育养下一代的称职父母。

依附关系对亲密关系影响巨大

这也是为何后续心理学家发现,童年时期的依附关系会对未来成人后的亲密关系,有着非常显著的影响的原因。

依照心理学家巴塞洛缪(Bartholomew)和霍洛维茨(Horowitz)的研究,我们可以从"对自我的意象"和"对他人的意象"这两个向度,来为成年人的依附关系做分类。

理想状况下,我们在幼儿时期,可以在足够称职的照顾者协助下,形成安全的依附关系。在这样的关系里,对内,我们能够正向地看待自己,我们不会认为自己比别人差,比别人低贱,也许自己并非人上人,但一定有着存在于这个世界的价值。这是安全依附对自身自尊的表现。

对外呢?安全依附可以看到外界可靠的部分,就像有安全依附的小孩不会因为父母暂时离开就非常焦虑,因为他对重要的他人有信心。这种可以正视他人优点、愿意去依靠也愿意被依靠的心情，则是安全依附对他人关系信赖感的重要表现。

❈ ❈ ❈

但若在儿童时期，只能像上述提到的小恒河猴只拥有"铁丝父母"，也就是仅能得到单纯生理满足的家庭关系（某些儿童虐待个案，甚至连温饱都不见得拥有），而没能有足够或持续而稳定的心灵抚慰时，就会形成所谓的"不安全依附"。

这样的依附类型，除了在幼儿期会很容易陷入分离焦虑之外，与安全依附相反的是，对内，会因为自我意象的不稳定而无法建立起足够、适当的自尊；对外，则由于无法对外界产生足够的信任与安全感，所以常常没有办法在与他人的互动过程中做出足够的正向回应，导致在人际关系中感到痛苦。

不安全依附的三种类型

不安全依附，一样可以从"对自己"和"对他人"两个角度加以检视。

- 对自己、对他人都呈现负面的"恐惧—逃避"型（fearful-avoidant）。
- 对自己正面、对他人负面的"排除—逃避"型（dismiss-avoidant）。
- 对自己负面、对他人正面的"焦虑—沉溺"型（anxious-preoccupied）。

虽然不同类型的表现相当复杂，但我们可以用比较直观的方式来理解。

如果你对自身、对他人的向度都以负面为主，那么你一定会变成孤僻而且也不信赖他人的边缘人物，也就是所谓的"恐惧—逃避"型。这样的人，其实很不容易和他人建立关系。

但是，如果你对自己正向却对世界负向呢？那么，这种"排除—逃避"型的你也许会变得孤芳自赏，却也难以亲近。

最后，若对自己负向但对世界正向呢？很多时候，这类"焦虑—沉溺"型的人，会流于习惯讨好他人、忽视自身的需求、贬低自我与自尊。而这个特质，就很容易变成关系剥削中的受害者；如果不幸遇到病态渣男，就更容易因此而被凌虐到极致，却无法逃离。

"渣男磁铁"以"焦虑—沉溺"依附状态居多

很多"渣男磁铁"以"焦虑—沉溺"的依附状态居多，而这类关系特质的产生，常常是因为一方面无法忽视"他者"的重要性，不至于完全漠视"他者"的存在，另一方面却没有办法在依附关系中，获得稳定而可预测的安全感。

例如，父母情绪起伏很大，好恶赏罚不清楚，或者没喝酒就很好，喝了酒就暴怒，又或是过度重男轻女，在兄弟姊妹中有明显的偏心……这些都会让幼儿一方面"知道照顾者很重要，因为照顾者拥有资源，也会给予资源"，另一方面却对自己没有信心，也没有安全感，不知道自己是不是"足够好到让照顾者'不变而稳定地'照顾着他"。

❈ ❈ ❈

这时候的依附关系，如果转化到成人的亲密关系里，就会造成一方面期待"爱情"能弥补过去"亲情"所没能给足而造成的缺憾；但另一方面，也会因为自尊的不足而过度地想要使用讨好和委屈自己的方式，来确保这种依附关系能够稳定不变，不至于失去。

然而阅读至此，读者们会不会觉得，"如果这一切的根

源，都跟我的幼年和家庭有关，那么我该怎么做？难道只能投胎重来吗？”

其实，依附关系并不是人格中完全恒久不变的一个成分。确实有研究显示，将近70%的依附关系，是相对长期稳定的，但也有20%～30%的依附关系，可以随着时间的变动而变动。至于变动所需要的时间，可以长到数月，也可以短到数个星期。而且我们对不同对象的依附，也不尽然都会一成不变。

例如，你可能和某个好朋友之间，可以形成相当安全的依附关系。你在那个朋友面前，可以很安全地做自己，而朋友也可以带给你很厚实的信任感，但转而到你上班的公司中，也许你和同事的关系就变得很肤浅，甚至面对上司、老板时，你变得格外“好欺负”，完全展现出差异很大的另一种依附型态。

所以，在理解原生家庭可以带给一个人多大的影响之后，当面对成年后的爱情时，我们要知道的是，这份可能陪伴自己走过后半生的亲密关系里，最重要的并不是在发现某些自己内心深处的依附缺憾之后，就只能拿着这样的"理解"作为某种宿命论的借口，认为自己就只能注定在那样的劫数中沉沦；而是必须随时提醒自己，不要让这份不是你所犯下的、属于久远过去的错误，变成了扭曲你的视野、妨碍你找到真正对的人、去建立健康的亲密关系的绊脚石。

不安全的依附，在成年亲密关系中，最常出现的影响是：

1. 干扰我们对亲密关系的视野；
2. 限制我们的沉稳与耐性；
3. 侵害我们在关系中的自尊和界限；
4. 扭曲我们去认识另一半真实的面貌与发展健康的互动；
5. 束缚我们面对两人发展的局限，并做出必要的止损。

❖ ❖ ❖

为什么第一个影响的，会是个人对亲密关系的视野？

因为一个拥有安全依附的小孩，饿了，就可以大方地跟父母说；受到挫折，会找父母哭诉；遇到困难，会找父母商量。父母不在的时候，他会相信自己并不是被抛弃，父母只是暂时没空、暂时离开。

但拥有不安全依附的小孩，也许对于好好地吃顿饭都会有着莫名的恐惧，更不用说自己会不会被责骂，会不会被斥责，他时刻在担心着。

因此，在成年人的亲密关系中，没有安全依附的"渣男磁铁"，不会相信自己有足够的权利和对方平等互惠，也不会相信自己有任性或者被包容的空间，更不会相信自己除了"这个人"之外，其实还有更多其他的选择。

所以，在这样的状况下，没自信、低自尊的自己，只为了填补空虚，急匆匆地寻找并相信，甚至是自我欺骗，眼前这位好像对我还不错的男性就是自己的真命天子。这正是不安全依附底下，接着会产生的第二个影响。

✼ ✼ ✼

拥有安全依附的小猴子，只要远远看着母亲的眼神，就有勇气和耐心慢慢地探索世界，但缺乏这份安全感的小猴子，就只能如同惊弓之鸟般随时寻求抚慰，也只能迫不及待地投入看似温暖其实根本是假货的绒布娃娃的怀抱。

而接续下来的第三个影响是，在亲密关系中，我们会因为缺乏那份安全依附，变得没办法保有足够的自尊和维护自己应有的界限。

由于认定自己没有，也不可能有其他的关系依靠，所以就自然不敢脱离这样的关系，因而动不动就变成关系中被剥削、被要求隐忍和付出的一方。

接下来产生的第四个影响，则是没办法正确地认识另一半，也没办法发展健康互动的关系。

当我们身处在困境、陷阱中，且潜意识充满宿命论般的无力感时，催眠自己、欺骗自己就是一种很无奈又很本能的心理反应。

不用对象辩解，我们自己就会帮忙找理由欺骗自己。

- “他不是不忠，他只是逢场作戏……”
- “都是被坏朋友、酒友带坏的，他本来不是这样的人……”

而最后，也是最糟的影响，就是当事人会没有勇气跳脱这样的关系。

“渣男磁铁”最经常让人百思不得其解的，往往就是这一点。

- “明明那家伙就是个大渣男，怎么她就是执迷不悟？”

- "为什么她都这么惨了，都被打得鼻青脸肿了，还不离开他？还不去告他？"

这一点就像被玩偶妈妈陪着长大的小恒河猴一样，即使重新给它一个"真的"妈妈，它们也只会被惊吓到，因为那是和它们认定的、以为的那个"妈妈"不同的、不熟悉的另一种存在。

自我觉察，爱回童年受伤的内在小孩

很多时候，特别是透过自我觉察检视自己内心深处的依附关系时，似乎可以看见一个从自己过去的生命中走来，隐藏在内心深处的"内在小孩"。

那个小孩也许满是伤痕，也许像是被吓破了胆，被打瘸了腿，因此在你的人生中不断地拖累你。

但这个内在的小孩是不可能被抛弃的。你不可能让时光倒流，或去找任何人算账，也没办法找一个人来"领养"他。

真正可靠的只有你自己。认识清楚现实中的你自己已经是个大人的事实，你完全有能力去保护、去提供爱、去认真倾听那个内在小孩的需求。

你也只有先将这一切放在首位，而不是追寻外界的

"爱"，让内在小孩和你自己共同建立起自信和自尊，这样才有可能好好地面对外界，找寻和面对自己之外的另一半，并建立起长期而稳定的亲密关系。

也只有如此，你才有机会重新找回安全感，让自己自我修复，修正和弥补你内在的恐惧和缺憾，产生足够强大的安全依附。

第三辑

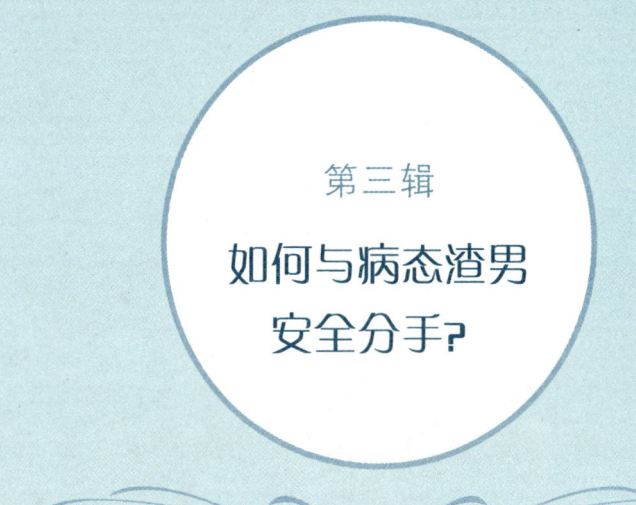

如何与病态渣男安全分手?

面对病态渣男,及早分手是不变的铁律

> 当你面对病态渣男时,分手并不容易。

看着热情不在　你永不再回来

你是我的命脉　是给我最大的伤害

天已塌了下来　我想你已明白

OH 你说要离开　我会把你埋起来……

我无法控制自己但是可以控制你

桧木的地板因为两把刀挥舞下血染成红色

我绝对没有恶意只是想把你留住……

不应该拿刀割了你的脉搏　SORRY　我真的错了

喝醉了拿酒瓶砸你的头　SORRY　我真的错了

吵架后推你下楼　　SORRY　我真的错了

这些我都曾想过　因为爱你才这样说的……

这是乐团玖壹壹的歌曲《恐怖情人》的节录内容,歌词很传神地描写了面对病态渣男时最大的梦魇。

我们都知道面对这类人,及早分手是不变的铁律,但分手并不是一件容易的事,特别是当你面对有潜在暴力风险的病态渣男时。

与病态渣男分手时，如何处理病态渣男的"失落"？

> 人类，非常痛恨"失去"。

就以发生在 2014 年相当惊悚的社会事件"'台大宅王'杀人事件"为例。张姓男子那时明明已经与女友协议分手，但仍闯入被害人住处，留下情趣用品、胶带、自慰后的卫生纸，最后在被害人上班途中意图谈判复合，复合不成就砍了被害人 47 刀，致使被害人死亡。

根据当时的新闻报道，张姓男子在考上师大附中资优班后，转往建国中学就读，之后就读台大，毕业后在会计师事务所工作，社会地位和报酬都相当不错。不过，张姓男子交往过的三任女友都是从网络上结识的。至于"台大宅王"的称号，是张姓男子在大学时参加"台大我最宅"电玩比赛夺冠得来的。

❋ ❋ ❋

张姓男子和被害女性在交往过程中，虽然"每逢假期几乎都会出游""6个月总花费约新台币50万元"，但被害女性发现张姓男子个性容易暴躁，更不时翻阅女方手机通话记录和笔记本，从发票地点、金额、时间点推算其行踪，甚至在女方记事本上发现有个K标记，就认为女方在感情上对其不忠，另有其他交往中的男性友人。

从这样的新闻事例，再对照歌曲中对"恐怖情人"的生动描写，我们可以看到这些最终会动用到暴力的病态渣男的问题：

1. 强烈的占有欲和难以忍受分手所导致的"失落"；

2. 对于他人状态同理能力的欠缺与以自我为中心；

3. 挫折应对能力的匮乏，导致除了诉诸暴力之外，完全找不到其他的出口和解决办法。

人们强烈高估"失去"的东西

为什么"失落"会是一个非常重要的议题？我们人类心理有一种相当特殊的现象，叫作"禀赋效应"（endowment effect），这在2017年诺贝尔经济学奖得主理查德·泰勒（Richard Thaler）的著作中时常被提起。

简单地讲就是,"即使在客观标准下价值完全相同,人们依然会强烈地高估'失去'的东西,而低估'获取'的东西"。人类,非常痛恨"失去"。

相关的研究之一是测量一般大学生对于"千分之一的必死概率",到底会做如何的评价。

其中一组是让大学生设想:"他们'已经'处在某个必死概率为千分之一的疫情中,这时刚好有一种解药,保证无副作用且能完全治愈,你会愿意出多少价钱以确保自己拥有这种解药?"

另一组的问题则是:"政府要做一个实验,这个实验的必死概率是千分之一。请问要给你多少钱,你会愿意冒险参加这个实验?"

没想到,两组测验出来的结果天差地远。

已经身处险境之中,要"买药"来逃避"千分之一死神"的那一组,给出的价格平均是 2000 美元;但另外一组,觉得合理的价格平均是 50 万美元,甚至还有很多人表示"给再多我也不参加"。

❋ ❋ ❋

另外一个类似的研究,甚至直接用功能性磁震造影,观看人类的大脑在做决定时如何运作，结果也非常类似。

两组大学生都被告知"来参加研究，让我们照一下大脑，就给你 500 元"，但等到他们来参加之后，其中一组却被告知："我们要剥夺你 300 元，或者你去赌一把，胜率只有五分之二。你接受被拿走钱，还是去赌？"

另外一组被告知的内容则是："不好意思，你现在实际能拥有的只有 200 元，你可以直接拿钱走人，或者参加一个有五分之二胜率的赌局，输了一分钱也没有，赢了可以拿到 500 元。"

结果与前一个实验类似，被提醒"我要拿走你的钱"的那一组，几乎全都选择"我要冒险赌一把"；但被告知"你还拥有 200 元，不用冒失去一切的风险"的另一组，则全部选择直接拿钱走人。

正常人都会因为失去而铤而走险，何况人格障碍者？

我们作为局外人，可以很清楚地看出，两个实验里两组人的"现实"问题是完全一样的。前一个实验要面对的是"你愿意花多少钱，去应对千分之一的死亡风险？"后一个实验要面对的是"500 元变 200 元，你要做什么选择？"

但只要两个实验里，当事人都聚焦在"我本来可以拥有，但我现在正要失去"的时候，他们都明显地痛恨任何"失去"的感觉，也都会愿意为了那份"痛恨"而选择"铤而走险"。

这些实验研究的对象都是正常人，都已经是如此了，我们也就不难想象人格偏执的渣男、以自我为中心的渣男，为何会出现《恐怖情人》歌词中所描述的那些"你要离开我，我就不惜一切代价和你同归于尽"的行为了。

�֎ ✯ ✯

千万别低估"失落"所产生的效果。

我们在临床实务上，处理过数以百计的家暴怨偶。当我们面对将妻子埋怨得一无是处的丈夫，对他们说"既然你这么讨厌她，为什么不答应她的离婚要求"时，几乎没有一个丈夫不勃然变色、拍桌大怒。

人类对于"对方的失落"强度的误判和低估，常常是让自己身陷险境的危险因素之一。

电玩暴力对病态渣男的影响

> 遗憾的是,暴力确实不可能不存在。

暴力男的以自我为中心与缺乏同理心,其实也和失落的反应有着相当的关联。

前面提到的实验,其中有一个是人类大脑在"面对失落时"大脑运作的功能性扫描,结果发现"强调失落组"和"强调拥有组"在大脑中有很多脑区的运作完全不同,甚至完全相反,而其中最引人注意的区域就是大脑的"杏仁核"(amygdala)。

暴力男通常缺乏同理心

这也是为何"同理心"会是接下来要面对的暴力男的另

一个重要问题,因为同理心就是杏仁核的重要功能之一。有很多的研究显示,冷血的反社会型人格或者"心理病态"的人格特质,他们的杏仁核功能,多半异于常人。

✿ ✿ ✿

杏仁核反应的重要性,可以从另一个有趣的心理学实验看出端倪。同样是两组以大学生为受试者的实验,两组大学生分别玩着几乎完全相同的赛车电动玩具,但得分的方式不同,一组是追逐路上闪亮的光点,另一组是追撞路上行走的路人。撞到光点的,就只看得见分数的上升和悦耳的奖励音乐,但撞到路人的,则可以看到血花四溅和听见人类的咒骂声。

实验的结果相当发人深省。两组在得分的情况下,大脑都显示出相当程度的欢欣愉悦,甚至"撞人"的那一组兴奋程度还要更高(完全可以理解,市面上为何会有那么多以打斗为主题的游戏)!但最重要的一点是,撞人的那一组受试者的杏仁核不会有特别的反应。

这一点其实并不奇怪。我们在面对电动玩具时,通常不会有人真心相信,在计算机里被打死的那个人是一个有血有肉、有家人、有感受的真实人物。但如果对照到杏仁核有毛病、同理心有欠缺的心理病态者身上时，这种现象就成为非常严重的问题。

你能想象，这世上有人能打人、杀人，一如操玩电动玩具时那般的充满快感、毫不在意吗？很多同理心有问题的人，其行为表现就和这样的状态差别不大。

新兵在战场射杀敌人，像在"打电动"

在这里，也必须提出电动玩具、3C产品的可能性影响。

毋庸置疑地，各种电子产品、网络虚拟世界，使得现代的人际互动明显与传统生活不同，也一定会产生新的影响和新的问题。

近期有不少美国军队研究显示，原本军方担心新兵在首次执行任务时，特别是必须要第一次杀敌时，可能会因为杀人而产生一定程度的心理冲击。但在实际运作下所得到的结果，竟然远比过去新兵所经历的问题还小。

也就是说，他们更少出现创伤反应，也更不会有内疚感。

而可能的原因就和军事科技计算机化有着非常高度的关联性。简单地说，现代的军事科技让新兵在远距离射杀敌人时，感觉上更像在"打电动"，而年轻的新兵多半从小就习惯这类射击游戏，因此适应起来竟然格外地驾轻就熟。

从这样的角度，让我们回到"台大宅王"的当街杀人案件，张姓男子的三任女友都是从网络上认识，张姓男子也显然对电动玩具有相当程度的沉迷，才有办法赢得比赛获取"台大宅王"称号。

这也就不能不令人怀疑，这样的人际交往模式和投入电动游戏的特性，是否对他建立亲密关系的过程造成一定程度的影响？

真实人生不等于电玩

然而，真实的人生有打电动那么简单吗？

在网络虚拟世界里，很多宅男体验各种"美少女养成游戏"，搜寻、传播各种扭曲的性爱影像。电动玩具只要攻略正确了，一个动作就会有一个反应；付出虚拟钱币，就可以购买到相对应的装备；投入足够的时间，就会有令人满意的回报……

但在真实的世界里，不可能有网络虚拟世界或电动玩具里那么"公平"。

如果当事人在现实中遇到挫折，还愿意"宅"回一按键就有颜如玉，一开机就有黄金屋的世界，这世上也许就只是多了一个"啃老族"或"loser"。但如果他就是不得不面对真实世界,却又从未熟悉过真实世界的残酷竞争与处理挫折的方式呢?

暴力,其实是所有生物的本能。小猫可爱地追着毛球,小狗没有意义地撕咬东西,其实很多时候都是在"实习"成长后可能需要用到的猎捕行为。

暴力不可能不存在

但身为人类,我们有很大的不同。我们的行为模式可塑性和弹性都相当大,因为我们有着比任何动物都要精密的大脑,但是一如前文多次提及,我们的大脑在成长过程中、在完全成熟之前,必须经历一个相当长期的养成阶段。

这也是多数心理学家不断强调,不要在孩子小的时候使用体罚的方式来"教育"孩子的原因。

因为基本上每一种"教育",背后都是让孩子熟悉大人应对问题时的解决方式和因应技巧。也就是说,大人如果能够更多元地展现"面对各种问题时应对的方法",孩子的大脑就更有机会载入更多元、更多种类的"问题解决程序"。

但如果不幸地,一旦出现问题,大人就只会"打到你乖",孩子的大脑里也就只会不断重复着一个重要的"程序",那就是"如何面对被打,和如何去打人",这也是遭受虐待的小孩，长大后很容易变成暴力的过度使用者的重要原因。

遗憾的是，暴力确实不可能不存在。一个完全不打孩子的家庭，遇到蟑螂了也还是要举起拖鞋拍下去。所以，人一定会学到如何使用暴力，而在面对挫折的最后阶段，人都难免想过，要使用暴力的手段解决棘手的问题。但在文明社会，我们希望"通过制度"来行使暴力，或者至少是为了保护自己的生命，不得已时才可以使用暴力而不受社会的追究。

暴力的受害者，会转为暴力的施行者

但挫折处理能力不够的暴力男，就不会是如此。

就像从小不断经受"暴力程序"的孩子一样，我们都很清楚，面对"无法抵抗"的暴力时，孩子能做的就只有忍耐，忍耐，再忍耐。

那样的隐忍不是什么高等级的自我控制或道德情操，而是应对能力相当匮乏的人类在面对暴力时，第一时间学会的东西。

但隐忍之后呢？暴力的受害者就会转变为暴力的施行者。

与被骂之后会辩解的孩子相比，只能抿着嘴、用恐惧而又阴沉的眼光望向这个世界的孩子，只怕未来的成长会比前者还更令人担忧。

像"台大宅王"这样不断监视女友的一切生活细节,并对两人关系相当没有信心的表现,就某个角度来说,更像是对这个世界充满着暴力想象、没有安全依附的人才会有的表现。

遗憾的是,由于没有交往,这一切也很难有人会知道。而不幸陷入这种关系中的当事人,所背负的压力也就可想而知。

与病态渣男分手的八个策略；
七成谋杀，发生在决定分手后

> 渣男有了另一个"猎物"时，通常才是最有可能"安全下庄"的时候。

在理解人格偏差者的潜在暴力风险后，分手时要注意什么？能不能针对以上的这些特点做出最合理的分手策略？

首先，要先理解多数人类的暴力事件是相对的"小概率"事件。我们一生中跌倒、车祸受伤……各种受到创伤的机会，都比真正被另一个人以暴力直接攻击的机会要大。

这不是说我们就可以因此而掉以轻心，而是提出一个重要的概念，就像针对疾病做检验一样，当事件本身是小概率事件时，任何检测的方式都很容易出现"伪阳性"或"伪阴性"，这也是医生不会盲目让病患做各种检验的主要原因。

具体应用到对暴力的预测，其实由于"自伤"和"伤人"都是小概率事件，这很容易就让我们的各种预测产生"狼来了"的效应。

你以为会出现的暴力攻击，结果没有产生，但你以为应该没事的时候，暴力就硬生生地出现了。前者的预测错误，让我们误以为"其实他没那么坏"，而后者的预测错误，轻则陷自身于险境，重则伤身，甚至可能有生命危险。

一、相信"风险"随时都有可能发生

此时，最正确的方式是相信"风险"无时无刻不在，随时都有可能发生。

不要轻易放下戒心，特别是当你已经很清楚地提出坚决分手的要求时。任何暴怒咒骂固然是暴力的可能征兆，但甜言蜜语的哀兵姿态，也不保证下一秒就不会见到他亮出刀子。

在随时戒备、提醒自己风险一直存在的同时，如前面所述，我们首先要面对和处理的就是对方的失落反应。

切忌将"拥有"挂在嘴边

虽然这个时候才提通常已经过了最佳时机，但健康而对

等的亲密关系，切忌将"拥有"挂在嘴边或放进心里，这是任何想要与另一半维持亲密关系的重要原则。

每一个人都是独立的个体，彼此也都该一直有着对等的尊重。亲密关系要谨守的，是两人持续沟通、维持互动、相知相守，一起面对未来、共度余生，没有谁"拥有"谁，也没有"谁是谁的人"这种说法。

这样的言语和情话虽然甜蜜，但背后隐含的概念也等于抹煞另一半的独立人格和物化了对方。双方除了很难在未来相互扶持、共同承担，以面对瞬息万变的人生之外，在这种分手的场合，"失去"所带来的痛苦也会格外严重。

❈ ❈ ❈

因为在这种状况下，病态渣男想到的，只会是他的一个"东西"即将被他人夺走。

那个潜意识底下的黑暗存在，不会是多数女性在台面上能够听到的。那个潜伏在他意识底层的"东西"，也许是个女佣，也许是个厨娘，也许是棵摇钱树，也许只是一具性爱娃娃。

那个"东西"即将被夺走，所以莫须有的，"一定有另一个男人"的指责也必然会出现。不论你如何解释，也不管事实真相是什么。

这时候,在实务上,我见过多数最平顺无伤的处理方式是"转移"。

也就是当病态渣男有另一个"猎物"时,通常才是最有可能"安全下庄"的时候。

以边缘型人格为例,即使是很有经验的心理治疗师,也有可能被边缘型人格个案搞到灰头土脸,往往只在边缘型人格患者"盯上下一位受害者"时,当事人才有机会松一口气。

当然,这样的状态可遇不可求。当我们发现病态渣男竟然背叛爱情时,其实当事人反而应该庆幸,因为如果能够好好把握,既然有人愿意接受这支"跌跌不休"的烂股票,你也大可不用继续在这里伤神苦撑。

但解决问题不能总凭运气。如果病态渣男就是不转移,那么怎么做才可以"操之在我"呢?

二、坚定地确立自己一定要和病态渣男结束关系的信念

面对病态渣男,及早分手结束关系永远是不变的"铁律"。

三、分手的信息最好能够兼顾"尽量降低对方的挫败感"

这时要考虑的是,以预防因失落而诱发的暴力风险而言,除了坚定地确立自己一定要和病态渣男结束关系的信念之外，分手的信息传递最好能够兼顾"尽量降低对方的挫败感"。

或者至少如前述"拿走300元和还有200元"的研究，即使客观事实一样，但让当事人聚焦在"还拥有什么"上，就比较有可能降低失落所产生的挫折。

具体来说，结束关系比较好的方式是传达一种概念："你没有什么不好，也没有人想改变你，也不需要改变你，而我也不可能改变。在这样的前提下，两人都不可能走下去，所以希望将这段关系结束。"

四、别再争论"谁对谁错"，这只会让事情更糟

因为多数关系破裂的时候，两方都很喜欢争论"谁对谁错"，通常也都经历过很长时间的相互指责。这也是为什么"爱情没有对错"这句话时有耳闻的原因。

就是因为所有过来人都很清楚，即使真的有对错，但对双方当事人而言，在这上面纠缠只会从根本上让事情变得更糟，所以不如睁眼说瞎话，反正没有对错，也就不用再争论对错了。

五、让对方尽量有足够的支持系统，例如朋友或家人

另外，还需要做到的就是，让对方尽量能有足够的支持

系统。

别忘了,"还拥有什么"是一定要让"被分手"的当事人感受到的一个点。就算是病态渣男,也还是有愿意站在他那边的朋友、亲人以及潜在支持者。

传递出"我要和他分手,他在这段时间可能需要很多关心"的信息,这一点对顺利的分手也会有所帮助。

但是同样地,所有的"谁对谁错"的戏码,一样有可能在任何人际关系的连结里上演,所以我们一定要避开这样的争论。

"他就是他,不需要改变;我也就是我,同样不需要改变。这样的两个人,无法维持关系。有问题的是这段关系,要停掉的也是这段关系;没有任何人被抛弃,被放掉的是这段关系。"

六、就算有"更好的对象",也要尽量延缓

由于是将焦点放在"关系"之上,所以切记,这段时间就算有"更好的对象",也要尽量延缓。

一旦让被分手的一方感受到"我是被替代掉的",那么,前面希望降低当事人"失落感"的一切努力,几乎都会化为乌有。"被抢走了",是所有"失落感"中最容易诱发愤怒的形态。

❉ ❉ ❉

紧接着要处理的，是"无法同理、以自我为中心"的致命伤。

强调"这段关系必须结束"，虽然已经是尽量降低对方失落、维持对方价值感的方式了，但通常接下来至少还会面临两种状态。

- 渣男提出那套"我一定会改""你要负责，不可以抛弃我"的情绪勒索。
- 各种"你不对""你该改""你一定有别的男人"之类的道德绑架。

但是别忘了，同理心的能力其实和"大道理"没什么关系。对于患有人格障碍的人来说，它更像是一种先天的缺陷。

当事人之所以被众人骂是渣男，就是因为不自觉地以自我为中心，并且完全忽视你的感受。所有的辩论都会失焦和离题，甚至会让你深刻体会到一个偏执的人格，可以将过去的现实记忆黑白颠倒到什么程度。

七、你需要找到适当的"缓冲防御"，但千万别找另一位同龄男性友人

所以，这时候除了不要陷入"三堂会审"式的刑侦调查

虚耗精力，而是坚守"不想要改变彼此，彼此也无法持续这段关系，所以没什么道理可谈"的基调之外，为了隔绝这种"不可能有同理，也不可能设身处地为对方着想，所以也不会好聚好散"的困境，自己这一方找到适当的"缓冲防御"，协助做这段关系的冷处理也是非常重要的一环。

但是，这个"缓冲"千万别找另一位同龄男性友人，因为这通常只会造成对方更严重的偏执。

一位年长、具有权威但没有情爱纠葛关系的男性会是较佳的选择，而这时可能会面临的则是另一种"转移"，只是这种转移的焦点是"恨"。

过去也有一些实例，治疗师被当成了"缓冲"，渣男就将愤怒转移到治疗师身上，造成了很多困扰。

我曾经认识一位美女级的网红艺术家，到后来，还是找律师充当协助隔绝的缓冲者，才得以摆脱心理变态跟踪狂的纠缠和骚扰。

如果到这个阶段，能够成功地将"失落"和"无法同理"这两个关卡所造成的问题尽量淡化，一般来讲，这样的关系纠葛，即使面对的是令人厌恶的人格障碍患者，问题也将会随着时间慢慢淡去。

特别是能够让对方接受"你不是抛弃对方，而是目前的你，不想要建立任何'关系'"的话，使用暴力的机会就可以被大幅降低。

八、了解对方通常跟你提到的挫折是什么，以及他如何处理

最后一个问题仍然相当棘手，需要很长时间小心提防，就是对方"处理挫折的方式和能力"。

若对方毫无处理挫折的能力，那么你必须用尽一切方式保持距离，以及完全不要相信和他的任何互动会是安全的。

越理想的另一半，越充满洞察和自省

如同前文所提"关系不是谁拥有谁，而是彼此对等而独立、携手面对未来"的概念一样，如果还有什么"最好一开始就要特别强调与注意"的，我想应该就是，你要先了解另一半通常跟你提到的"挫折"都是什么，还有他应对的方式是什么。

越理想的另一半，就越是充满洞察和自省，将各种挫折的来龙去脉理清楚，找到属于自身和外界的各种可控、不可控的因素，分别去做不同种类、多元的处理和应对。

反过来讲，当你觉得这个人不分手不行时，通常对方也不会有那么好的挫折处理能力，因为那需要极佳的自我克制和对个人优缺点的洞见，而能够具有那样优秀能力的另一半，当然也很少会被称为"渣男"。

很不幸地，经过长期的相处，你可能发现他所谓的"挫折"，基本上就是反社会型人格下的弥天大谎，不然就是自恋型人格下的不自量力，更有可能是边缘型人格所衍生的颠倒是非……但无论是哪一种，你都能看出他面对挫折的能力相当有限，而这时候的观察重点就是他过去使用暴力的习惯和适应方法到底有多贫乏。

用尽一切方式，保持距离

常使用暴力的，会持续喜爱暴力；崇拜暴力的，会认为自己使用暴力具有绝对的正当性；适应方法贫乏，而只会当闷葫芦的，则会因为"没有其他办法"而采取暴力这项最后的手段，来应对他所遭遇的挫折。

遇到这类的病态渣男，除了坚壁清野，用尽一切方式保持距离，完全不要相信和他的互动可以有任何安全的保障，并且始终相信自己随时会遭受暴力的风险之外，确实几乎没有好的方式可以确保自身的安全。

这也是为何世界先进国家都有包含处理家庭或与旧情人之间冲突的家暴法令，或者反跟踪法等保护当事人的法律。但法律的力量有时而穷，多数人身安全的保障，还是要以自己提高警觉作为主要的努力方向，才是最可靠而有效的方式。

七成的家暴谋杀，发生在当事人决定分手之后

最后，和所爱的人建立亲密关系，是每一个正常人都会有的本能。

而不幸遇到非常不适合的另一半，也不是任何一个当事人自己愿意的。就像莱斯利·斯坦纳（Leslie Steiner）在 TED 演讲中所说，她不是个没知识的、不够聪明的女性，她是个事业有成、有着高学历的女性。

哈佛毕业、拥有 MBA 学位，在世界五百强的企业里工作，身为杂志的作者和编辑，但是她仍然选择和一位会施行家庭暴力的人结婚，并且受到多年的暴力威胁而无法离开。

❀ ❀ ❀

决定离开这段关系，绝对是明智的选择，但无论如何要提高警觉。

防范暴力的方法和防范渣男的方法一样,就是永远别欺骗自己"我没那么倒霉"。毕竟有 70% 的家暴谋杀,是发生在当事人决定分手之后。

希望这样的理解,能够提供给所有被病态渣男所伤害的女性,帮你借此认清、避免和远离那些在你身上施加关系剥削的病态渣男。

北京市版权局著作合同登记号：图字 01-2023-4234

本书中文繁体版本由宝瓶文化事业股份有限公司在台湾出版，经由锐拓传媒代理，授权上海浮槎文化发展中心在中国大陆地区出版其中文简体平装版本。该出版权受法律保护，未经书面同意，任何机构与个人不得以任何形式进行复制、转载。

图书在版编目 (CIP) 数据

致命关系：病态人格的七种假面 / 王俸钢著. —北京：台海出版社，2023.11
　ISBN 978-7-5168-3641-5

　Ⅰ.①致… Ⅱ.①王… Ⅲ.①病态人格－研究 Ⅳ.① B846

中国国家版本馆 CIP 数据核字（2023）第 166789 号

致命关系：病态人格的七种假面

著　　者：王俸钢	
出 版 人：蔡　旭	封面设计：东合社·安宁
责任编辑：王　萍	图书策划：浮槎文化

出版发行：台海出版社
地　　址：北京市东城区景山东街20号　　邮政编码：100009
电　　话：010-64041652（发行、邮购）
传　　真：010-84045799（总编室）
网　　址：www.taimeng.org.cn/thcbs/default.htm
E-mail：thcbs@126.com

经　　销：全国各地新华书店
印　　刷：三河市中晟雅豪印务有限公司
本书如有破损、缺页、装订错误，请与本社联系调换

开　　本：880 毫米×1230 毫米	1/32
字　　数：176 千字	印　　张：9
版　　次：2023 年 11 月第 1 版	印　　次：2023 年 11 月第 1 次印刷
书　　号：ISBN 978-7-5168-3641-5	

定　　价：58.00 元

版权所有　　翻印必究